Miau

Wie gut kennst du deine Katze?

Der große Katzen-Persönlichkeitstest

Miau

Wie gut kennst du deine Katze?

Der große Katzen-Persönlichkeitstest

Alison Davies
Mit Illustrationen von Alissa Levy

Inhalt

Einleitung

Katzen haben einen komplexen und auf einzigartige Weise widersprüchlichen Charakter. Sie sind anmutig, geheimnisvoll, tollpatschig und niedlich zugleich. Sie geben gerne den Ton an und sind zufrieden, solange wir nach ihrer Fellnase tanzen. Doch wenn wir auch nur für eine Sekunde glauben, dass wir sie geknackt haben, stellen sie wieder alles auf den Kopf ... und wir können uns nur ratlos an unserem kratzen. Wenig verwunderlich, dass Katzen uns Menschen schon 4400 v. Chr. domestiziert haben.

Es passt zu ihrem mysteriösen Wesen, dass wir nur wenig über den genauen Anfang unseres Zusammenlebens mit Katzen wissen. Genauso schwer fällt es Katzenbesitzern, sich an eine Zeit vor der Katze zu erinnern –, bevor sie ein Teil der Familie war, die Schöße gewärmt, Blumentöpfe umgeworfen und Kisten inspiziert hat und uns vielleicht auch das ein oder andere Mal dazu gebracht hat, über uns selbst nachzudenken.

Die alten Ägypter verehrten Katzen wie Gottheiten (und das rechnen sie uns bis heute hoch an). Kein Wunder also, dass es uns Normalsterblichen schwerfallen kann, Katzen und das, was sie antreibt, zu verstehen. Dieses Buch soll dir einen Einblick in die wahre Persönlichkeit deiner Katze ermöglichen. Wir untersuchen, wie sie sich in verschiedenen Situationen verhält, um ihren Persönlichkeitstyp zu ermitteln, damit ihr eure Beziehung zueinander stärken könnt.

Es dauert ein ganzes Leben, um eine Katze zu verstehen. Und auch, wenn du sie vielleicht nie ganz entschlüsseln wirst, macht es Spaß, es zu versuchen. Ein erster Anhaltspunkt ist ihre Rasse, denn jede hat charakteristische Eigenschaften

(siehe Seiten 122–125). Aber verlass dich nicht allzu sehr darauf. In der Katzenwelt gibt es keine Einheitsgrößen – und genau deswegen gibt es dieses Buch.

Wie wir Menschen ist jede Katze einzigartig. Auch wenn sie den folgenden Charaktertypen zu entsprechen scheint, ist nichts in Stein gemeißelt. Katzen stecken voller Überraschungen und wechseln von einem Modus in den anderen, je nach Verfassung und Umständen. Selbst ein handzahmes Kätzchen kann sich, im Angesicht von Entwurmungsmittel, in eine wilde Raubkatze verwandeln, und auch ein tiefenentspannter Kater kann beim Aufheulen des Staubsaugers aus der Fassung geraten.

Wie dieses Buch funktioniert

Jeder der neun Tests in diesem Buch beleuchtet einen bestimmten Aspekt der Persönlichkeit deiner Katze. Wähle bei den Fragen der Tests jeweils die Antworten (A–D) aus, die deiner Katze am ehesten entsprechen. Zähle die Buchstaben anschließend zusammen, um zu sehen, mit welchem der jeweils vier Profile deine Katze am stärksten übereinstimmt.

Die Tests beschreiben kleine Angewohnheiten und Verhaltensweisen, die deine Katze zu etwas Besonderem machen. Du wirst sie vielleicht in einigen Antworten eins zu eins wiedererkennen, manchmal aber auch nicht. Das ist nicht schlimm: Jede Katze ist schließlich – wie auch wir Menschen – einzigartig.

Dieser unterhaltsame Leitfaden basiert auf Forschungsergebnissen, ist aber kein wissenschaftliches Buch. Es ist eine Anleitung, um deine Katze und ihre Eigenschaften besser zu verstehen. Eins ist sicher: Egal, welchem Persönlichkeitstyp deine Katze entspricht, sie ist absolut perrrfekt!

Die fünf Katzentypen

Jedes Profil deutet darauf hin, mit welchem der sechs Hauptmerkmale der Persönlichkeit (siehe rechts) deine Katze am häufigsten übereinstimmt. Zähle die Ergebnisse aller neun Tests auf Seite 118 zusammen und finde heraus, welche Merkmale die Persönlichkeit deiner Katze am stärksten prägen. So bekommst du ein umfassendes Bild von deiner Katze.

Die fünf Katzentypen

2

EXTROVERTIERT

Neugierig, einfallsreich und verspielt mit einem aufgeschlossenen, aktiven Geist.

3

DOMINANT

Forsch. Scheut sich nicht davor, sich durchzusetzen.

1

NEUROTISCH

Schüchtern und zurückhaltend, eher ängstlich und furchtsam.

4

IMPULSIV

Rast- und ruhelos, stets auf der Suche nach neuen Abenteuern.

5

AUSGEGLICHEN

Freundlich und sanft, zeigt gerne Zuneigung.

Alpha-Katze

Wie selbstsicher ist deine Katze?

Katzen sind Einzelgänger, können aber auch mit anderen Katzen zusammenleben und sich ihr Revier teilen. Einige fühlen sich in Gruppen pudelwohl, andere sind eher zurückhaltend und am liebsten Einzelprinz oder -prinzessin in ihrem eigenen Reich. Löwen pflegen innerhalb ihrer Rudel strenge Hierarchien, aber auch wenn Hauskatzen keine derartigen sozialen Strukturen kennen, haben sie eine Rang- und Hackordnung im Kampf um die Stellung der Alpha-Katze.

Nicht nur andere Katzen müssen auf der Hut sein. Auch wir Menschen werden mit ihrem dominanten Verhalten an der kurzen Leine gehalten und müssen beim geringsten Mucks springen. Du hältst dich vielleicht für den Boss, aber sei dir da mal lieber nicht zu sicher. Katzen setzen ihr gesamtes Repertoire ein, um dich zu hypnotisieren und zum Kühlschrank zu führen, damit du sie mit frischem Lachs fütterst … ohne zu bemerken, wie dir geschieht.

1. **Was denkst du: Wofür hält dich deine Katze?**

   A Mama oder Papa.

   B Einen Diener für jedes noch so kleinste Bedürfnis.

   C Einen menschlichen Nichtsnutz.

   D Ihren BFF (besten Freund für immer).

2. **Katzen zeigen ihre Zuneigung nur, wenn sie es wollen. Ist deine Katze eine Schmusekatze oder hat sie eine besondere Bezugsperson?**

   A Du bist das Zentrum ihres Universums.

   B Sie wechselt ihren Liebling, je nachdem, von wem sie gerade etwas will.

   C Kaum hast du das Katzenklo geleert, lässt dich dieses Luder direkt wieder abblitzen.

   D Sie ist lieb zu allen, aber dich mag sie am meisten.

3. **Sei es in einem Haushalt mit mehreren Katzen oder wenn sie draußen auf Artgenossen trifft: Wie reagiert deine Katze auf andere?**

   A Sie macht einen großen Bogen um sie.

   B Sie beobachtet die Situation aus gebührender Distanz.

   C Mit Anfeindungen und Drohgebärden.

   D Kurzes Beschnuppern, gefolgt von einem leisen Miauen.

Alpha-Katze

4. Wie zeigt deine Katze dir, wer der Boss ist?

A Für so etwas ist sie zu lieb.

B Mit einem sanften, aber bestimmten Klaps mit der Pfote.

C Sie murrt und zieht eine Schnute.

D Das muss sie nicht, denn ihr seid immer auf einer Wellenlänge.

5. Im Wettstreit um den besten Platz auf dem Sofa ...

A ... teilt sie ihn mit dir.

B ... überschüttet sie dich mit Liebe und kuschelt sich neben dich.

C ... streckt sie dir ihren Hintern unter die Nase und zwingt dich, wegzurutschen.

D Wer braucht schon das Sofa, wenn man auf deinem Schoß liegen kann?

6. Die Katze will raus – darf sie aber nicht. Wie löst ihr die Diskussion?

A Sie ergibt sich ihrem Schicksal und macht es sich zu Hause gemütlich.

B Sie erdrückt dich mit Liebe und streift dir um die Beine, bis du sie schließlich doch rauslässt.

C Sie steht jammernd neben der Tür, um dich zu erweichen.

D Es ist okay, solange ihr stattdessen Mäusejagd spielt.

7. Wie verhält sich deine Katze, wenn sie neue Menschen trifft?

A Sie ist schüchtern und verzieht sich, bevor jemand Fremdes einen Fuß über die Türschwelle setzt.

B Sie gibt sich kurz zuckersüß und zückt im nächsten Augenblick die Krallen.

C Sie warnt, dass man sich ihr bloß nicht nähern soll, faucht und wird richtig laut.

D Sie beobachtet Fremde prüfend aus sicherer Distanz.

8. Teilen ist nicht einfach. Ist deine Katze egoistisch oder großzügig, wenn sie Futter mit Freunden oder Fremden teilen soll?

A Sobald sie ihren Teil bekommen hat, teilt sie gerne.

B Diese edle Dame beliebt nur die feinsten Gerichte am besten Tisch ihres Hauslokals zu verspeisen.

C Meins ist meins und deins ist deins. Sie gibt nichts ab. Basta!

D Sie ist genügsam und weiß sich zu helfen. So oder so fällt genug für sie ab.

9. **Deine Katze ist hungrig, doch ihr Futter scheint ihr nicht mehr zu schmecken. Was passiert jetzt?**

A Sie rümpft kurz ihre Nase – und das war's auch schon, denn sie hat Hungerrr.

B Sie läuft zwischen dem Kühlschrank und deinen Beinen hin und her, bis du ihr etwas anderes vorsetzt.

C Bei jedem neuen Vorschlag schreit sie entrüstet auf, bis du endlich das Richtige gefunden hast.

D Sie miaut freundlich, aber nachdrücklich, bis sie etwas anderes bekommt.

Die
Ergebnisse

Das Baby

NEUROTISCH & AUSGEGLICHEN

Dieser Wonneproppen braucht vermutlich ein großes Revier und viel Essen, ist aber im Herzen ein kleines Baby geblieben. Wenn etwas Neues passiert, schaut er immer erst zu dir, wie du reagierst. Er ist vermutlich eher ängstlich und du sein Fels in der Brandung, wenn er nervös ist (also eigentlich immer). Liebevoll und zutraulich, genießt er Momente der Zweisamkeit, in denen du nur ihm gehörst. In deinen Armen fühlt er sich (pardon) einfach pudelwohl! Wahrscheinlich eine Wohnungskatze, entfernt er sich auch, wenn er Freigang hat, nicht zu weit. In seinen Augen bist du das Allergrößte – und das findet er super. Die meisten Katzen sind zwar sehr unabhängig, aber das ist bei ihm noch nicht ganz angekommen. Zum Glück ist das für dich gar kein Problem. Du schätzt dich glücklich, deinen Liebling hegen und pflegen zu dürfen und ihm die besondere Aufmerksamkeit zu geben, nach der er sich sehnt.

Alpha-Katze

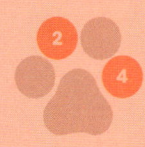

Der Pate

EXTROVERTIERT & IMPULSIV

Schnell, geschickt und schlau, wie Katzen nun mal sind, ist dieser Ganove noch gerissener als ein Fuchs. Im Schatten der Nacht wird er dein Herz und dein Portemonnaie stehlen – und es wird dir nicht einmal etwas ausmachen. Er ist ein Meister der Manipulaction und weiß, dass sich Geduld im Aufstieg zur Alpha-Katze auszahlt. Zuneigung ist seine Währung, und er holt das meiste aus seinem Geld heraus. Aber lass dich nicht täuschen: Er liebt dich – vielleicht noch ein bisschen mehr, wenn du tust, was er will. Menschen sind wie Marionetten in seinen Samtpfoten, aber andere Katzen lassen sich nicht so leicht um die Kralle wickeln. Der Pate vermeidet Konflikte, denn er braucht keinen Stress; außer es lohnt sich wirklich, um etwas zu kämpfen. Er schmiedet seine Pläne zur Weltherrschaft lieber von deinem Schoß aus, bis die Zeit reif ist. Unvorhersehbar wie er ist, kannst du dich bei ihm nicht auf deinen Lorbeeren ausruhen. Aber das ist auch einer der Gründe, weswegen du ihn so liebhast.

TYP
C

Katzenboss

EXTROVERTIERT & DOMINANT

Diese Katze hat kein Problem damit, ihre Meinung lautstark kundzutun. Wenn sie etwas fühlt, wirst du es auch zu spüren bekommen. Und das gilt für Liebe und Missfallen gleichermaßen. Menschen sind für sie ein notwendiges Übel. Das heißt nicht, dass sie sie überhaupt nicht leiden kann. In kleinen Dosen bist du ganz erträglich. Aber ihr könnt einfach nicht mit ihrer großartigen Erscheinung mithalten. Wie auch? Sie ist ein durch und durch überlegenes Geschöpf, von ihren fein abgestimmten Schnurrhaaren zu ihrem luxuriösen Fell, das sie großzügig überall verteilt. Aber sie hat auch keine Angst davor, sich schmutzig zu machen – besonders, wenn ein Streuner es gewagt hat, ihr Revier zu betreten. Sie ist keine anhängliche Schmusekatze und wird es auch nie sein, denn sie schätzt ihre Privatsphäre. Fremde Katzen sollten sich vor ihrem strengen Blick hüten. Wenn sie ausflippt, geht sie ab wie eine Rakete. Aber gegenüber ihrem Menschen ist sie nie aggressiv. Sie mag es, der Chef zu sein. Solange du das verstanden hast, musst du dir keine Sorgen machen.

Alpha-Katze

20

Bester Kumpel

EXTROVERTIERT & AUSGEGLICHEN

Mit ihm wollen einfach alle befreundet sein. Kein Wunder also, dass dieser Prachtkerl auch dein Herz schon lange erobert hat. Er stellt sich jedem Besucher in seinem Revier vor und knüpft gerne neue Freundschaften. Selbstständig, unkompliziert und anspruchslos, ist der beste Kumpel ein angenehmer Begleiter. Machtspiele sind einfach nicht sein Ding, und es braucht viel, um ihn aus der Ruhe zu bringen. Ein gemütlicher Schoß macht ihn glücklich. Umso besser, wenn es deiner ist! Er liebt nichts mehr, als Zeit mit dir zu verbringen. Ob Zeitschriften lesen oder in Taschen kramen, beteiligt er sich rege an deinen Lieblings-beschäftigungen. Er ist ein Teil der Gang, aber er möchte nicht an der Spitze stehen. Denn der Aufstieg und die Verant-wortung wären zu viel Arbeit. Er ist am glück-lichsten, wenn ihr auf Augenhöhe steht und die Abenteuer des Lebens gemein-sam angeht!

Alltagskatze

Welche Alltags-gewohnheiten hat dein Stubentiger?

Wie wir Menschen, meistert auch jede Katze den Alltag auf ihre eigene Art. Einige sind ständig auf der Suche nach Abenteuern, andere schalten lieber einen Gang runter. Die meisten Katzen mögen Routine und haben feste Gewohnheiten wie das Kämmen, Fütterungszeiten und einen Lieblingsschlafplatz. Aber wie bei allen Dingen im Leben kann auch hier immer etwas dazwischenkommen.

Wie deine Katze auf Veränderungen im gewohnten Ablauf reagiert, verrät dir, was sie wirklich braucht. Du kennst ihre Launen und Stimmungen und weißt, wann sie umschlagen. Auch kleine Veränderungen in ihren Gewohnheiten sagen einiges über ihre Stärken und ihre Schwächen aus. Wenn du eure Beziehung stärken willst, solltest du die Dinge, die ihr zusammen unternehmt, genauer unter die Lupe nehmen, um herauszufinden, wie du ihren Tag noch besser gestalten kannst, und dich auch mal von ihr führen lassen. Auch wenn du eigentlich keine Überraschungen magst, können ihre spontanen Einfälle dir sicher sehr viel Freude bereiten.

1. **Sei es, um zur Arbeit oder einkaufen zu gehen: Wir alle müssen unser Zuhause irgendwann verlassen. Für Katzen ist das entweder großartig oder ein Weltuntergang. Wie reagiert deine Katze?**

A Sie schützt Gleichgültigkeit vor und widmet sich ausgiebig ihrer Maniküre.

B Kurz, bevor du die Tür aufmachst, bedeckt sie dich mit einem dichten Teppich aus Katzenhaar.

C Sie schlängelt sich zwischen deinen Beinen durch, als wolle sie dich zu Fall bringen. Wenn sie's schafft, musst du hierbleiben!

D Sie versinkt vor der Tür in Selbstmitleid, bis du wieder da bist.

2. **Ob nun Überraschungsgäste oder Familientreffen – auch zu Hause kann viel los sein. Wie geht deine Katze damit um, wenn andere in ihr Revier eindringen?**

A Perfekt! Zeit für einen Catwalk, um die Neuankömmlinge zu beeindrucken.

B Jeder Gast bedeutet eine extra Portion Streicheleinheiten.

C Läuft, wenn sie ein Spielzeug oder Katzenminze in petto haben!

D Sie verteilt Käseleckerlikrümel auf dem Neuankömmling: ein traditionelles Freundschaftsritual.

3. Deine Katze verbringt den Großteil ihres Tages ...

A ... damit, einfach nur *fabulous* auszusehen! Perrrfekte Frisur und Maniküre, wie geleckt.

B ... im Traumland.

C ... mit Spielen, Rennen, Jagen und Schnuppern. Sie lebt das Leben in vollen Zügen.

D ... mit Snacken: Essen und Trinken hält Leib und Seele zusammen.

4. Entspannt oder aufgedreht: Du kannst ihr ihre Laune von der Nasenspitze ablesen. Wie ist deine Katze meistens drauf?

A Gleichgültig

B Entspannt

C Neugierig

D Verschmust

5. Es ist der Termin, vor dem sich viele Fellnasen sträuben: der jährliche Besuch beim Tierarzt. Wie verhält sich deine Katze?

A Verachtungsvoll. Wie kannst du es wagen, ihre Routine zu unterbrechen. Was für eine Zeitverschwendung!

B Sie bleibt gelassen. Eine gute Gelegenheit für ein Nickerchen und ein bisschen Zweisamkeit mit dir.

C Dafür musst du sie erst einmal zu fassen kriegen!

D Sie drückt sich in eine Ecke und spielt den Angsthasen.

6. Zeit für ein Medikament. Das bedeutet Schweiß-ausbrüche für dich. Und deine Katze?

A Sie ist widerspenstig. Du musst ihr die Tablette quasi in den Rachen stopfen.

B Sie schluckt alles, ohne mit der Wimper zu zucken.

C Weg ist sie! Sie weiß, dass hier etwas faul ist, und will gar nicht erst herausfinden, was.

D Wenn ein kleines Leckerli bitt're Medizin versüßt, rutscht sie gleich noch mal so gut!

7. Jede Katze hat einen Ort, an den sie sich zurückzieht, wenn ihr alles zu viel wird. Wo versteckt sich deine Katze?

A Auf ihrem flauschigen Kissen auf dem Kleiderschrank.

B Sie rollt sich auf einer Ecke des Sofas zusammen.

C Sie versteckt sich auf dem Fensterbrett hinter dem Vorhang und hat stets einen Fluchtplan parat.

D Auf dem Kühlschrank. Außer Reichweite, aber in un-mittelbarer Nähe der Futterressourcen.

8. Was ist dein täglicher Lieblingsmoment mit deiner Katze?

A Eigentlich jeder, in dem sie dir auch nur ein bisschen Beachtung schenkt.

B Abends, wenn ihr zusammen auf dem Sofa entspannt.

C Wenn ihr miteinander spielt; da seid ihr euch einig.

D Wenn du nach Hause kommst und sie dir entgegenrennt.

Alltagskatze

9. **Leben, um zu fressen oder fressen, um zu leben. Die Beziehung deiner Katze zu ihrem Futter offenbart viel über ihre Persönlichkeit. Welche Beschreibung passt am besten zu deinem Liebling?**

A Sie zögert nicht, unangebrachte Essensvorschläge zurückgehen zu lassen.

B Diese Katze vertraut auf ihr Bauchgefühl. Wenn es ihr gut geht, frisst sie alles, aber wenn sie schlecht drauf ist, vergeht ihr der Appetit.

C Das Futter ist der Brennstoff, der das Feuer in ihrem Herzen anfacht.

D Futter ist alles was zählt, basta!

Die Ergebnisse

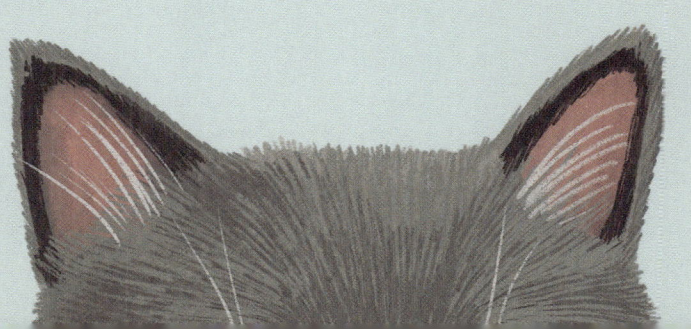

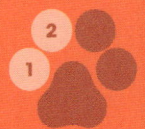

Coole Katze

NEUROTISCH & EXTROVERTIERT

Dieses Kätzchen lässt nichts anbrennen. In der Katzen-Menschen-Rangordnung steht sie an der Spitze und schaut auf ihre Untergebenen hinab. Sie ist nicht dominant; ihre Stärke liegt vielmehr in ihrer Gleichgültigkeit. Sie lässt sich nur auf Dinge ein, wenn es ihr gerade passt, und daran solltest du dich besser auch halten. Ihre tägliche Routine ist ihr wichtig, aber sie ist noch lange kein Gewohnheitstier. Wenn sie Lust auf Veränderung hat, wird sie es dir deutlich zu verstehen geben. Sie ist mittelmäßig extrovertiert, klug und hat immer alles unter Kontrolle. Sie zeigt gerne wo's langgeht. Und ihr Aussehen ist ihr superwichtig. Regelmäßige Kämmsitzungen, bei denen du die ganze Arbeit verrichtest, sind ein Muss. Im Grunde ihres Herzens ist sie sehr sensibel und liebt Aufmerksamkeit. Wenn du sie wie eine Prinzessin behandelst, wird sie dich dafür belohnen.

Alltagskatze

Chiller-König

EXTROVERTIERT & AUSGEGLICHEN

Dieser Typ hat sein inneres Gleichgewicht gefunden. Er fühlt sich wohl in seinem Fell, ist selbstbewusst und strahlt tiefe Gechilltheit aus. Er muss nicht herrschen. Und er ist der Letzte, der Sperenzchen macht! Dieser Dude ist durch und durch entspannt, knüpft leicht neue Freundschaften und kennt alle Nachbarn, denn er sonnt sich gerne, und zwar in allen Gärten. Ob es stürmt oder schneit, er bleibt ausgeglichen. Er ist ein perfekter Schmusetiger, und mit dir zu kuscheln, ist seine absolute Lieblingsbeschäftigung. Sein lautes Schnurren sagt alles! Wahrscheinlich versteht er sich gut mit anderen Tieren, denn er hat ein großes Herz. Leider wird er dadurch auch oft zur Zielscheibe von Raufereien. Er erwartet von anderen Katzen immer nur das Beste und versucht, Konfrortationen zu vermeiden. Schließlich ist er kein Krieger.

Alltagskatze

31

TYP

C

Wendiges Wiesel

EXTROVERTIERT & IMPULSIV

Flink, geschickt und von schneller Auffassungsgabe – diese Katze ist ein wahrer Wirbelwind. Ihr neugieriger Geist braucht ständig eine neue Beschäftigung. Sei es eine Runde Morgen-Yoga mit dir oder die ausgiebige Untersuchung einer mysteriösen Nische. Sie ist extrovertiert, mutig, risikobereit und für so ziemlich alles zu haben – solange es ihre eigene Entscheidung ist. Zu ihren Lieblingsbeschäftigungen zählen das Verstecken von Dingen, damit du beim Suchen genug Auslauf bekommst, und Fangenspielen mit deinen Füßen. Ihr verspielter Charakter sorgt ständig für neue lustige Fotos, Handyvideos und Anekdoten. Mit ihr gehört Langeweile der Vergangenheit an ... genauso wie alles, was einem Sofa auch nur im Entferntesten ähnelt, denn sie liebt es, Dinge zu untersuchen, ihre Krallen daran zu wetzen und darauf zu toben. Der Schlüssel zu ihrem Herzen liegt in der Beschäftigung. Wenn du es schaffst, ihre Spiellust zu befriedigen, werdet ihr Freunde fürs Leben.

Alltagskatze

32

Scheues Mäuschen

NEUROTISCH & AUSGEGLICHEN

Süß, schüchtern und zurückhaltend. Diese Mieze wirkt zwar wie eine Einzelgängerin, aber mit dir verbringt sie gerne Zeit. Sie mag keine großen Gruppen und reagiert schnell verschüchtert. Aber mit viel Geduld und Leckerlis kannst du sie vom Gegenteil überzeugen. Liebe geht für sie durch den Magen, also kannst du ihr Vertrauen mit Futter und liebevollen Worten gewinnen. Und sie mag Routine. Jede Veränderung könnte dazu führen, dass sie sich an einen sicheren Rückzugsort verkriecht. Alles in allem gilt: Ist ihre anfängliche Nervosität erst einmal überwunden, fühlt sie sich wohl, solange du bei ihr bist. Sie ist introvertiert, nie aggressiv oder aufdringlich, aber sie liebt Aufmerksamkeit. Zahlreiches, ausgiebiges Kuscheln, Köpfchenkraulen und ungestörte Zweisamkeit sind ein Muss.

Alltagskatze

Cleveres Kätzchen

Wie denkt deine Katze?

In Märchen und Legenden umgibt Katzen oft eine mystische Aura. Sie tauchen an der Seite von Feen oder Hexen auf (oder sind selbst Hexen in Tierform). Ihre Augen sind Fenster, die uns in eine andere Welt blicken lassen: Katzen sind einfach magisch, denn sie haben, von ihrer flauschigen Schwanzspitze bis zu ihren Schnurrhaaren, beinahe übernatürliche Fähigkeiten.

Sie sind unglaublich talentiert, sehr geschickt und wendig und lassen sich auch in brenzligen Situationen nicht aus dem Gleichgewicht bringen. Gepaart mit ihrem wachen Geist macht sie das zu den Superhelden der Tierwelt. Wie wir Menschen haben auch Katzen individuelle Stärken. Vielleicht ist deine Katze ein Mastermind oder, wenn sie nicht die allerhellste ist, dafür umso flinker oder kennt die Gesetze der Straße aus dem Effeff. Welche Stärken deine Katze auch besitzt: die Tatsache, wie fest sie dich in ihrer Samtpfote hat, beweist, dass sie sie richtig einzusetzen weiß.

1. **Wie Hunde können auch Katzen Befehle befolgen ...,
wenn sie gerade wollen. Wie reagiert deine Katze
auf Aufforderungen?**

   A Sprich mit der Pfote! Sie lässt dich abblitzen.

   B Ein kleines Leckerli zur Motivation und los geht's.

   C Sie hört aufmerksam zu, aber lässt sich vom erstbesten
   vorbeiflatternden Schmetterling ablenken.

   D Sie gähnt und tut so, als würde sie einschlafen.

2. **Du hast sie versehentlich tagsüber im Schlafzimmer
eingesperrt. Wie reagiert sie?**

   A Sie hinterlässt einen stolzen Haufen auf deinem Bett,
   damit du ja aus deinen Fehlern lernst.

   B Sie findet heraus, wie man Türen mit Türklinke, Eigen-
   gewicht und ein bisschen Krallenspitzengefühl öffnet.

   C Dein Meisterausbrecher entkommt durch ein ange-
   lehntes Fenster.

   D Sie verkriecht sich im Bett und wartet auf dich.

3. **Wo verrichtet deine Katze ihr großes Geschäft?**

   A Selbstverständlich im Nachbarsgarten!

   B Im Katzenklo, immer adrett inszeniert.

   C Draußen, wie von der Natur gewollt.

   D Vor allem im Katzenklo, sie hat ihre Gaben aber auch
   schon überall zu Hause verteilt.

4. Ihr seid vor Kurzem umgezogen. Wie schnell erkundet sie ihr neues Revier und gewöhnt sich ein?

A Sie sucht sich direkt einen Ort aus, den sie zu ihrem neuen Lieblingsplatz erklärt.

B Sie patrouilliert durch alle Zimmer und untersucht dabei jede Ecke und jedes Spinnennetz sorgfältig auf Eindringlinge.

C Nach einem Tag fühlt sie sich wohl und lebt sich ohne viel Aufhebens ein.

D Sie versteckt sich mindestens eine Woche und kommt nur zum Fressen kurz heraus.

5. Du schaust dir deine Lieblingsnaturdoku an. Wie involviert ist deine Katze?

A Sie interessiert sich eher für die Streicheleinheiten als für den Bildschirm.

B Gebannt verfolgt sie die Geschehnisse. Ihre Ohren zucken, sobald Vogelgezwitscher eingespielt wird.

C Sie pirscht sich an den Fernseher heran, springt empor und hascht nach den Vögeln.

D Beim bloßen Geräusch der wilden Natur schießt sie davon und versteckt sich in ihrem sicheren Bettchen.

6. Noch scheint die Sonne, aber später soll es ge-wittern. Wie reagiert deine Katze?

A Obwohl die Sonne scheint, bleibt sie träge auf dem Sofa liegen.

B Sie läuft unruhig auf und ab und wirft Blicke aus dem Fenster.

C Egal! Sie ist eh immer draußen unterwegs.

D Beim ersten Regentropfen ist sie wieder zu Hause und leistet dir Gesellschaft.

7. Wenn du vom Einkaufen nach Hause kommst, …

A … liegt sie eingerollt auf ihrem Lieblingsplatz.

B … sitzt sie am Fenster und wartet auf dich.

C … ist sie noch unterwegs.

D … versteckt sie sich.

8. Katzen haben einen sechsten Sinn. Welche magi-sche Superkraft hat deine Katze?

A Sie ist der Uri Geller der Katzenwelt: Sie kann Gedanken lesen und weiß, was das Beste für dich ist.

B Sie ist der Sherlock Holmes unter den Spurenlesern.

C Wie Houdini entkommt sie aus jeder noch so heiklen Situation.

D Sie kann sich ohne Tarnumhang unsichtbar machen. Besonders, wenn Besuch da ist.

9. Wenn du sie rufst ...

A ... kommt sie, wenn es gerade passt. Ansonsten lässt sie dich warten.

B ... antwortet sie mit einem lauten Miau, dass sie dich gehört hat.

C ... bleibt sie verschwunden.

D Da ist sie schon, zu deinen Füßen, und wartet auf ihr Leckerli.

Die
Ergebnisse

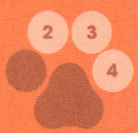

Der Profiteur

EXTROVERTIERT & DOMINANT & IMPULSIV

Er ist der Machiavelli unter den Miezen. Aber lass dich nicht von diesem Schlitzohr täuschen. Auch wenn er den Unschuldigen spielt, weiß er genau, was er tut. Er durchschaut alles, aber das lässt er sich nicht ansehen. Seine Laune schlägt schnell um, von herrisch zu aufgeschlossen. Er weiß, wie man den Tag genießt und das Beste aus allem macht. Andere Katzen können vielleicht geschickter kombinieren und setzen ihr Köpfchen ein, um Probleme zu lösen. Aber der Profiteur geht einen Schritt weiter und fragt, was für ihn dabei herausspringt. Wenn er verschiedene Möglichkeiten hat, wählt er immer diejenige, die das beste Ergebnis für ihn verspricht. Der Profiteur mag das einfache, leichte Leben, und solange er bekommt, was er will, ist er glücklich!

Das Genie

EXTROVERTIERT & IMPULSIV & AUSGEGLICHEN

Das Genie ist nicht auf den Kopf gefallen. Rastlos stellt diese Katze tagein, tagaus das Newtonsche Gravitationsgesetz auf die Probe und erforscht, wie sie die Relativitätstheorie auf die Vogeljagd anwenden kann. Ihr wacher Geist hält sie immer auf Trab, ständig auf der Suche nach neuen Experimenten und Erfahrungen. Ausgeglichen und liebevoll, geht ihr nichts über das Lächeln eines Menschen. Doch auch wenn sie leicht Befehle lernt, macht sie nicht immer das, was du willst. Sie ist neugierig und braucht viel Beschäftigung, und wenn sie die zu Hause nicht bekommt, wird sie sich schnell anderweitig umsehen. Sie hat vermutlich ein großes Revier, denn sie liebt Expeditionen. Besonders mag sie Spielzeug, bei dem sie ihre Pfoten ausgiebig beschäftigen kann. Sie liebt das Leben, Spaß und dich, und wird dir viel Freude machen.

Cleveres Kätzchen

Die Pragmatikerin

EXTROVERTIERT & DOMINANT & AUSGEGLICHEN

Die Pragmatikerin hat einen unbezwingbaren Fluchtreflex. Es ist schwer, sie zu fassen zu kriegen. Sie verliert schnell das Interesse und stürzt sich lieber in die Verlockungen der weiten Straßen als auf einen warmen Schoß. Das heißt nicht, dass sie nicht auch gerne kuschelt. Aber eben nur, wenn sie gerade Lust darauf hat. Sie ist gerne draußen und wird sich darin um nichts in der Welt einschränken lassen. Und auch, wenn sie vielleicht nicht die Allerschlauste ist, ist sie gewitzt und weiß sich zu helfen. Sie ist einfach eher eine Pragmatikerin als eine Philosophin. Ihr Gang strahlt Selbstsicherheit aus. Wenn du eine unkomplizier-te Freundin suchst, ist sie die perfekte Begleiterin. Ihre direkte Herangehensweise an das Leben ist entwaffnend und es ist eine Freude, sie in der Nähe zu haben … wenn sie denn mal da ist.

Cleveres Kätzchen

Die Sanftmütige

NEUROTISCH & AUSGEGLICHEN

Niemand würde leugnen, dass diese Katze ein richtiger Angsthase ist. Sie ist nervös und zuckt bei jeder Kleinigkeit zusammen. Aber sie ist auch sehr sensibel. Sie kennt die wilde Welt zwar nicht so gut wie andere, selbstbewusstere Katzen, aber das macht sie mit ihrer Fähigkeit, dich zu verstehen, mehr als wett. Ihre Liebe kennt keine Grenzen. Wenn du krank oder traurig bist, ist sie an deiner Seite, bedeckt dich mit Zuneigung, Katzenhaaren und wahren Schnurrsymphonien. Auch wenn sie scheu ist, kannst du ihr helfen, Vertrauen aufzubauen und sich den Dingen in ihrem eigenen Tempo zu nähern. Sie genießt Gewohnheiten und vertraute Geräusche. Sie braucht keine Aufregung oder Abenteuer und ist eher häuslich. Schüchtern, aber zutraulich, ist sie vollauf zufrieden mit ihrem Leben.

Cleveres Kätzchen

Typ

D

1, 5

Gestiefelter Kater

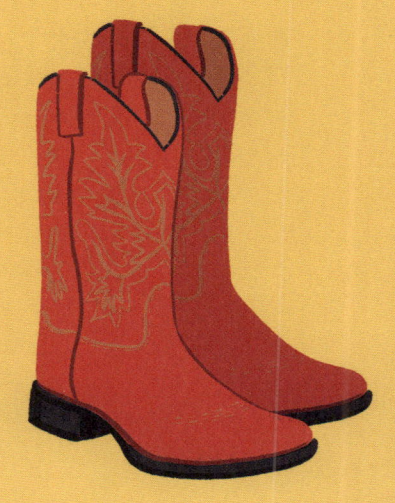

Wie sieht die Pflege-routine deiner Katze aus?

Es gibt so viele hübsche Rassen, dass man sich leicht in mehrere verlieben kann. Das wissen Katzen – und setzen es zu ihrem Vorteil ein. Einige geizen nicht mit Zutraulichkeiten, während sich andere lieber aus der Ferne bewundern lassen.

Ihre ausgiebige Katzenwäsche ist nicht reine Eitelkeit. Katzen brauchen Fürsorge, damit sie gut aussehen und sich wohlfühlen. Das Kämmen regt ihren Kreislauf an, entfilzt das Fell und stärkt zudem eure Beziehung. Während die eine Prinzessin das Theater genießt, überlassen sich andere lieber den Gesetzen der Natur. Wahre Styling-Stars widmen sich ihrer Pflege mit Leidenschaft und Hingabe und blühen dabei regelrecht auf, während sich so mancher Wildfang lieber davor drückt und sich unter einer Hecke versteckt.

Schönheit liegt im Auge des Betrachters, aber das äußere Erscheinungsbild deiner Katze sagt viel über ihre Selbstsicherheit aus und darüber, wie sie mit anderen interagiert … sowie über ihre Persönlichkeit.

1. Die Pflegeroutine deiner Katze ist:

A Inexistent. Ihr Aussehen geht ihr am Schnurrhaar vorbei. Hauptsache, es gibt was zu erleben!

B Jedes Härchen sitzt perrrfekt.

C Wie von der Natur gewollt. Sie ist eine natürliche Schönheit.

D Mal so, mal so. Punkiger Katzenirokese oder geschniegelter Hauskater, ganz nach Laune.

2. Du sparst an Weihnachten nicht mit Glitzerzeug. Was hält deine Katze von einer festlichen Verkleidung?

A Weihnachtskugeln und Lametta: nicht zum Tragen, sondern zum Jagen!

B Glitzer, Geflimmer und süßlich riechendes Shampoo. Wieso sollte sie das nicht lieben?

C Wenn sie ein Weihnachtsbaum sein wollte, würde sie sich Äste wachsen lassen.

D Eine festliche Schleife lässt sie durchgehen, aber die Weihnachtsmütze geht gar nicht.

3. Zeit für ein kleines Fotoshooting. Welche Pose nimmt deine Katze ein?

A Schockstarre.

B Sie wirft sich fotogen in Szene.

C Ihr doch egal, was du vorhast.

D Sie schnüffelt neugiereig an der Kamera.

4. Ihr schmust innig. Wie riecht deine Katze aus der Nähe?

A Nach feuchter Erde und Mülleimern.

B Wie frisch parfümiert.

C Nach zu Hause.

D Nach ihrem Lieblingsleckerli.

5. Wie lässt sich deine Katze gerne streicheln, wenn sie gerade in Stimmung ist?

A Sie streckt dir das Körperteil entgegen, das besondere Aufmerksamkeit verdient.

B Sie bleibt passiv, solange sie ihre Ganzkörpermassage bekommt.

C Am liebsten mag sie es, wenn du kurz ihren Kopf reibst.

D Sie liebt es, am Kinn und am Bauch gekitzelt zu werden, und windet sich dabei spielerisch.

6. Party bei dir zu Hause, mit Freunden und Familie. Die perrrfekte Gelegenheit für deine Katze, ...

A ... um im Garten Vögel zu jagen.

B ... um zu zeigen, wie toll sie ist, und dabei neue Fans zu gewinnen.

C ... ihr eigenes Ding zu machen, solange du beschäftigt bist.

D ... um ein bisschen Chaos zu stiften, Snacks zu stibitzen und auf Schöße zu springen.

7. Gute Tischmanieren sprechen Bände. Ist deine Katze eine manierliche Mieze oder ein Gierschlund?

A Sie taucht ihr ganzes Gesicht in den Napf, Nase gegen Teller, und saut sogar ihre Schnurrhaare ein.

B Jedes Häppchen wird genüsslich gekaut und stilvoll verzehrt.

C Das Schleckermäulchen frisst, bis sie satt ist und verteilt überall Häppchen als Snack für später.

D Sie bleibt entspannt und fischt genüsslich noch die letzten Häppchen mit der Pfote aus dem Napf.

8. Was wäre ein gutes Hashtag für deine Katze?

A #Charakterkatze

B #FellFatale

C #Kuschelkatze

D #GestiefelterKater

9. Wie sieht ihr Katzenhalsband aus?

A Ganz schlicht, ohne Schnickschnack oder Glöckchen.

B Auffällig und pink, mit Glitzerelementen.

C Dieser stolze Nacken bleibt halsbandfrei!

D Diese punkige Lady trägt ein Halsband mit silbernen Nieten.

Die Ergebnisse

A

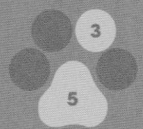

Die Anführerin

DOMINANT & AUSGEGLICHEN

Eine Katze ist eine Katze, ist eine Katze – Punkt. Dieses Exemplar macht sich da keine Illusionen. Sie muss sich nicht als etwas anderes ausgeben, als sie ist. Das Leben ist zum Leben da, und solange es Vögel zu jagen und grünes Gras zum Daraufliegen gibt, bleibt keine Zeit, sich groß herauszuputzen und hübsch zu machen. Sie ist ein Freigeist und genießt jeden Aspekt des Katzendaseins in vollen Zügen. Sie ist eine geschickte Jägerin, die all ihre Sinne und Fähigkeiten einsetzt. Dank ihres Selbstbewusstseins ist sie in der Nachbarschaft vermutlich sehr beliebt. Sie sorgt auf ihre Weise dafür, dass man sie bemerkt, und erkämpft sich deine Aufmerksamkeit auch gerne mal mit einer List. Sie liebt Streicheleinheiten genauso wie die nächste vorbeilaufende Katze – je nachdem, wonach ihr gerade der Sinn steht! Sie ist eine Anführerin, kein Mitläufer, und bleibt an deiner Seite … solange du dich von ihr führen lässt.

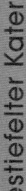

Gestiefelter Kater

54

Die Diva

EXTROVERTIERT & DOMINANT

Die Diva hat einfach alles im Griff. Sie ist ein echter Trendsetter und scheut sich nicht davor, neue Wege zu beschreiten. Einzigartig, originell und extrovertiert, flirtet sie wahnsinnig gerne. Aufgrund ihrer Launen mag sie unbeständig wirken, aber im Grunde geht es ihr vor allem darum, Aufmerksamkeit zu bekommen: Das ist für sie das A und O. Je mehr sie davon bekommt, desto glücklicher ist sie. Du solltest darauf vorbereitet sein, sie mit deinen Freunden, deiner Familie und allen, die dein Revier betreten, teilen zu müssen. Und auch, wenn sie sich bereitwillig verkleiden lässt, solltest du es nicht übertreiben. Selbst ihr wird es irgendwann zu viel. Wenn du sie ausgiebig verwöhnst, umsorgst und pflegst, wird das glänzende Scheinwerferlicht ihres Star-Daseins auch auf dich fallen.

Gestiefelter Kater

C

Die natürliche Schönheit

EXTROVERTIERT & AUSGEGLICHEN

Ihr Charme liegt in ihrer Fähigkeit, ganz sie selbst zu sein. Dafür muss sie sich nicht anstrengen, denn diese Katze ist eine natürliche Schönheit: angenehm fürs Auge und in den Armen (denn diese flauschige Fellkugel bietet vermutlich viel zum Festhalten). Aufgrund ihrer sorglosen Art hat sie zahlreiche Bewunderer, doch das Geheimnis ihres Erfolgs ist einfach: Sie ist zufrieden mit dem, was sie hat. Kontaktfreudig und liebevoll, findet sie leicht neue Freunde und lässt sich trotz ihrer offensichtlichen Liebenswürdigkeit nicht an der Nase herumführen – und erst recht nicht an einer Leine durch den Park! Wenn man sie lächerlich macht, wird ihr Schnurren schnell zum Knurren. Behandele sie mit Respekt und ihr innerer Tiger liegt dir zu Füßen. Sie mag ihren Freiraum und ihr eigenes Revier, aber auch ihre eigenen vier Wände. Wo du bist, ist ihre Festung, und das wird auch immer so sein.

Gestiefelter Kater

Die Ikone

DOMINANT & IMPULSIV

Hier kommt der wahre gestiefelte Kater: und zwar in Overknees aus Leder! Die Marilyn Monroe unter den Katzen ist durch und durch verspielt: keck, voller Eigenarten und bereit, die Dinge aufzumischen. Spontan, impulsiv und meistens genau das Gegenteil von dem, was du erwartet hast. Die Hand beißen, die sie füttert … ja, das kommt schon mal vor. Doch im Handumdrehen ist alles wieder wie zuvor. Wenn du sie zu sehr aufdrehst, bekommst du die Konsequenzen zu spüren. Es ist besser, sie machen zu lassen, denn das kann sie am allerbesten. Sie hat einen überbordenden Charakter. Sie wird deine Freunde unterhalten, dein Herz mit ihrer liebevollen Art erobern und sich auf deinem teuersten Chiffonschal zusammenrollen; einfach, weil sie es kann. Was sie tut, hat weder Hand noch Fuß, und genau das macht sie so einzigartig.

Gestiefelter Kater

Auf die Plätze, fertig, Schnarch!

Welche Schlaf-gewohnheiten hat deine Katze?

Kaum etwas verströmt eine tiefere Ruhe als eine schlafende Katze – niedlich, friedlich und mit sich selbst im Reinen. Sie sind wahre Meister des Schlafs. Sie wissen, wie wichtig ein Mittagsschläfchen ist, damit sich Körper und Geist regenerieren. Davon können auch wir einiges lernen. Manchmal scheint es fast, als würden sie nur schlafen, aber wie wir Menschen schlafen sie mal mehr, mal weniger, zwischen 12 und 16 Stunden am Tag. Schlafen beansprucht viel Lebenszeit, also ist es auch wichtig, es richtig zu machen.

Wenn sie sich mal den falschen Schlafplatz ausgewählt hat, verwandelt sich selbst eine süße Samttatze in eine Kratzbürste. Die richtige Schlafposition ist mindestens genauso wichtig. Wie Menschen haben Katzen eine REM-Schlafphase, was bedeutet, dass auch Katzen träumen. Aber wovon, das bleibt unserer Vorstellung überlassen … Die Schlafgewohnheiten deiner Katze verraten viel darüber, was ihr wichtig ist und ob sie die Kontrolle abgeben kann.

1. **Es kann eine Herausforderung sein, sich das Bett oder Sofa zu teilen. Besonders, wenn es der Lieblingsplatz für ein Katzennickerchen ist. Wo schlummert deine Katze am liebsten?**

   A Wo auch immer du gerade bist. Schwer zu sagen, ob sie deinen Platz klauen will … oder sich nur sehr, sehr eng an dich schmiegt.

   B Wo auch immer sie sich gerade befindet. In der Sockenschublade, im Zeitschriftständer oder im Waschbecken. Am liebsten mag sie enge, geschlossene Rückzugsmöglichkeiten.

   C Wo auch immer sie nicht sein sollte. Bei den Nachbarn oder drei Straßen weiter bei den anderen Herumtreibern.

   D In ihrem flauschigen Iglu mit ihrem eigenen Namen darauf – wo auch sonst?

2. **Einige Katzen sind Gewohnheitstiere, andere verabscheuen Routine. Wie verhält sich deine Katze, wenn Schlafenszeit ist?**

   A Sie geht mit den Hühnern schlafen und ist morgens als Erste auf den Beinen, um dich zum Frühstück wach zu trommeln.

   B Eine letzte Runde Verstecken muss immer sein.

   C Schlafenszeit? Was ist das?

   D Licht aus, auf die Minute genau! Und wehe, du änderst etwas daran, dann bekommst du aber etwas zu hören.

3. Wie Menschen haben auch Katzen Träume und Albträume. Woran denkt deine Katze, kurz bevor sie einnickt?

A Hat jemand Nickerchen geszzz ...

B Ein Pappkarton, zwei Pappkartons, drei Pappkartons ...

C Wozu den Drachen jagen, wenn man Schmetterlinge jagen kann?

D Hauchdünne Scheiben Räucherlachs ... auf einem Bett aus saftigen Riesengarnelen ...

4. Unsere Schlafposition sagt viel darüber aus, wie wir uns fühlen. In welcher Position schläft deine Katze?

A Auf dem Rücken, die Beinchen von sich gestreckt, mit heraushängender Zunge ... pures Glück!

B Irgendwo eingezwängt, sie passt in jede Ritze.

C Entspannt an Ort und Stelle und verfolgt mit einem Auge das Geschehen.

D Perfekt eingekugelt, den Schwanz dabei grazil um sich gelegt.

5. Mit wem schmust deine Katze am liebsten?

A Natürlich mit *dir*!

B Ihrem Lieblingsspielzeug oder ihrem besten Tierfreund.

C Mit den warmen Sonnenstrahlen.

D Das Bett gehört ihr, ihr *allein*!

6. **Schnarchen oder sogar schlafwandeln: Nachts sind wir ziemlich aktiv. Genau wie unsere Katze. Was tut deine Katze, wenn sie schläft?**

A Sie schnarcht.

B Sie zappelt.

C Sie starrt dich an.

D Sie posiert.

7. **Schlafende Katzen wirken zutiefst entspannt. Wenn deine Katze sprechen könnte, welchen Schlaftipp würde sie dir geben?**

A Nicht nachdenken, einfach machen.

B Wer sich tagsüber viel bewegt, schläft tief und fest.

C Wer braucht schon Schlaf?

D Egal was du machst: Es muss unbedingt ägyptische Baumwollbettwäsche sein!

8. **Wenn deine Katze bei dir oder auf deinem Schoß schläft, macht dich das ...**

A ... schläfrig.

B ... glücklich.

C ... misstrauisch.

D ... stolz, dass sie dich mit ihrer Gegenwart beehrt.

9. Wie würde sich deine Katze auf Menschenart entspannen?

A Sie wäre ein Meister der Meditation und Atemübungen.

B Mit Achtsamkeit, um ihre Umgebung mit allen Sinnen wahrzunehmen und ganz im Hier und Jetzt zu leben.

C Hot Yoga ist das Geheimnis ihrer Dehnbarkeit!

D Eine Massage entspannt nicht nur den Katzenkörper, sondern auch ihren Geist.

Auf die Plätze, fertig, Schnarch!

Die
Ergebnisse

5

Der Dude

AUSGEGLICHEN

Wenn er reden könnte, wäre sein Lieblingssatz: »Chill mal!«
Auch wenn ringsherum das Chaos regiert, strahlt der Dude
Tiefenentspannung aus. Das heißt aber nicht, dass er sich
nicht auch für Dinge begeistern kann (vor allem fürs Fressen).
Nur Hunger kann ihn so richtig aus der Fassung bringen. Ist
der Magen gefüllt, ist er ruhig und bereit für seine Lieblingsbeschäftigung: ein Nickerchen. Umso besser, wenn für das kleine
Intermezzo ein gemütlicher Schoß zur Verfügung steht! Wenn
es nach ihm ginge, würde das Bett ihm allein gehören. Aber er
weiß, dass er dir ein Eckchen abgeben muss. Du bist schließlich auch ein ganz annehmbares Kissen. Fitnessübungen
kommen für ihn höchstwahrscheinlich nicht in Frage. Höchs-
tens eine Runde Katzenyoga mit seiner Lieblingspose, dem
klassischen Schlafgruß: Umdrehen, Strecken, Gähnen.

Das Chamäleon

EXTROVERTIERT

Diese flexible Katze ist nicht nur schwer in die Finger zu kriegen, sie hat auch einen mindestens ebenso wendigen Charakter. Sie kann es sich überall gemütlich machen und fühlt sich pudelwohl in ihrer Haut. Sie ist sehr selbstsicher. Hat sie sich erst einmal etwas in den Kopf gesetzt, bekommt sie es auch. Aber sie ist nicht starrsinnig, sondern neugierig und untersucht alles, was ihr vor die Nase kommt, von den Tiefen deiner Gummistiefel zum Innenleben des Kühlschranks. Für sie ist das Leben wie eine Dose Sardinen: eine Schlitterpartie voller Gerüche, die einfach Lust auf mehr macht! Genauso sehr genießt sie Gesellschaft. Am liebsten würde sie dich einmal mit auf ein Abenteuer nehmen, sei es auf dem Gartenweg oder im hintersten Winkel der Küchenschränke. Sie wird immer einen Weg finden, ihren Spaß mit dir zu teilen. Und selbst, wenn dir irgendwann die Ideen ausgehen, bleibt immer noch das unendliche Geheimnis der Pappkisten ...

Der Rabauke

IMPULSIV

Wer mag denn schon keine *Bad Boys* (oder *Bad Girls*)? Dieser Rowdy weiß ganz genau, dass ein bisschen Verwegenheit einen weit bringen kann. Das heißt nicht, dass er durch und durch unverschämt ist! Aber er besteht auf eine gute Party. Und zwar jede Nacht, wenn's nach ihm geht! Immer auf der Suche nach Spaß, Aufregung und ein bisschen Abwechslung, lautet sein Motto: »*Work hard, play hard.*« Auch wenn er kein Stubenhocker ist, schätzt er sein sicheres Zuhause, von dem aus er zu neuen Abenteuern aufbrechen kann und wo immer eine gemütliche Decke auf ihn wartet. Er weiß genau, welche Hand ihn füttert, aber er liebt auch seine Freiheit. Du solltest besser nicht versuchen, ihn drinnen zu halten, sondern seine Ausflüge akzeptieren und froh sein, dass »nach Hause gehen« für ihn bedeutet, zu dir zurückzukommen.

Der Poser

DOMINANT

Für diese Katze geht's nur ums Aussehen, und Halbherzigkeit geht gar nicht. Sie verdient einfach das Beste, weil sie die Beste ist. Bei ihr sitzt jedes Haar, ihr Halsband ist blitzblank. Doch es dreht sich nicht alles nur ums Bling-Bling. Für sie zählt vor allem Qualität. Discounter-Katzenfutter, *neeeiiin, dankeee*! Die Poser-Katze verdient die Crème de la Crème, die perfekte Schlafposition und die beste Matratze und schneidet die prächtigsten Schnütchen. Wo wir davon sprechen: Wenn nicht alles perfekt ist, kannst du ihr ihre Unzufriedenheit an der Nasenspitze ablesen: ihre Unzufriedenheit *mit dir*. Sie ist überzeugt, dass sie über allem und allen steht. Ob Katze oder Mensch: Wer auch immer es wagt, ihre wertvolle Ich-Zeit zu stören, kriegt ohne Umschweife eine Pfote ins Gesicht.

Auf die Plätze, fertig, Schnarch!

Jetzt geht's rrrund!

Wie spielt deine Katze am liebsten?

Auch wenn Katzen das Schlafen zu einer wahren Kunst erhoben haben, lieben sie es genauso sehr, ausgiebig zu spielen. Das ist wichtig für ihre Entwicklung, weckt ihre Urinstinkte und schärft ihre Jagdkünste. Ausgelassenes Herumtollen fördert Körper und Geist und hält sie in Topform. Je älter deine Katze wird, desto wichtiger ist das tägliche Vergnügen für ihre Beweglichkeit, ihre Knochen und eure Beziehung. Außerdem ist es eine gute Gelegenheit für dich, um Stress abzubauen.

Einige Katzen lassen sich leichter anstacheln als andere. Wie enthusiastisch sie mit dir spielt, verrät uns viel über ihren Charakter. Ist sie der Spielführer oder ein zartes Mimöschen? Kreatives Genie oder Spielplatz-Mobber? Es kann sein, dass das Verhalten deiner Katze auf mehrere Kategorien zutrifft – je nach Laune, Situation und anderen Umständen. Gib nicht auf, wenn sie anfangs wenig Elan zeigt. Ein gutes Spiel kann auch ein scheues Kätzchen in einen schrecklichen Tiger verwandeln. Dazu braucht es nur das richtige Spielzeug, die richtigen Spiele … und ein bisschen Geduld.

1. Deine Freunde sind vorbeigekommen und ihr unterhaltet euch, aber deine Katze will mitmischen. Wie stellt sie sich an?

A Sie evaluiert die Lage und schnüffelt testend an der Hand aller Anwesenden.

B Sie faucht und bleckt ihre Zähne, um zu zeigen, wer der Boss ist.

C Sie gibt euch nacheinander Köpfchen, bis sich jemand auf sie einlässt und mit ihr spielt.

D Sie tigert durch den Raum, um ihr Missfallen über die Eindringlinge deutlich zu machen.

2. Welches Spiel spielt deine Katze gerne mit dir?

A Sie untersucht das Zimmer bis in die hintersten Winkel auf versteckte Eindringlinge.

B Hand-Wrestling. Zuerst ein sanfter Stupser, deine Hand wiegt sich in trügerischer Sicherheit – dann ringt sie dich mit vollem Klauen- und Körpereinsatz nieder.

C Bauchkraulen. Dabei sind alle Sieger: Mieze und Mensch.

D Das, bei dem du versuchst, sie zum Spielen zu bringen und die Sekunden zählst, bis sie dir die kalte Schulter zeigt und davonschlendert.

Jetzt geht's rrrund!

3. Erlebt deine Katze ihre Abenteuer gemeinsam mit anderen Katzen oder bleibt sie für sich?

A Dieser Cowboy reitet allein.

B Sie spielt mit, wenn's ihr gerade passt, und zückt ihre Krallen, wenn nicht.

C Sie ist für alles zu haben, vom Hintern beschnuppern bis zu einer Runde Ringen.

D Sie beobachtet das wilde Treiben lieber aus gebührender Distanz.

4. Du hast für sie etwas Katzenminze in den Garten gepflanzt. Was macht deine Katze?

A Sie beäugt den Strauch zuerst misstrauisch, dann beschnuppert sie ihn.

B Sie stürzt sich Hals über Kopf darauf.

C Sie rollt sich darin, bis sie von oben bis unten mit dem Geruch bedeckt ist.

D Sie schaut von dir zur Pflanze und wieder zurück, als wolle sie sagen: »Na und?«

5. Ein Ball aus Aluminiumfolie ist für deine Katze:

A Ein unbekanntes Flugobjekt aus fernen Galaxien.

B Ein Zielobjekt, das eingefangen werden muss.

C Eine quer durchs Zimmer schießende Sternschnuppe, der man hinterherschaut.

D Ein Ball aus Aluminiumfolie.

6. **Eine Fliege hält dein spinnenfreies Wohnzimmer irrtümlicherweise für eine sichere Zone. Für deine Katze ist das die Gelegenheit, um ...**

A ... ihr kreuz und quer hinterherzulaufen.

B ... sie zu erlegen.

C ... Fangen zu spielen und sie wieder freizulassen.

D ... zu beobachten, wie du im Zickzack herumrennst, um sie wieder aus dem Fenster zu scheuchen.

7. **Spielzeug gibt es in vielen Formen und Farben. Was ist das Lieblingsspielzeug deiner Katze?**

A Ihre alte zerkaute und schon leicht müffelnde Plüschmaus.

B Ein bis zur Unkenntlichkeit zerfledderter Flipflop.

C Von der Golftasche zu den Golfbällen – man kann mit allem spielen.

D Ein kuscheliges Kissen, das nach Katzenminze riecht.

8. **Deine Onlinebestellung ist da und mit ihr ein leerer Pappkarton. Deine Katze ist sofort zur Stelle, um ...**

A ... hineinzuklettern und ihn wenn nötig gegen Diebe zu verteidigen.

B ... daran herumzukratzen und ihn zu zerfetzen.

C ... ein kleines Springteufel-Intermezzo einzulegen.

D ... ihn umzuschmeißen und in ihren neuen Bunker einzuziehen.

9. **Du hast ein neues Spielzeug gekauft: eine Spiel-angel mit einer Maus aus Filz. Wie reagiert deine Katze darauf?**

A »Pah, darauf fällt doch niemand rein! Schaff mir das Ding aus den Augen.«

B Mit Jagdübungen.

C »Juhu! Zeit zu spielen!«

D »Ist das dein Ernst? *Damit* soll ich spielen?«

Die Ergebnisse

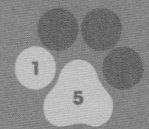

A

Der Spion

NEUROTISCH & AUSGEGLICHEN

Sie würde es zwar nie zugeben, aber diese zurückhaltende Mieze geht immer vom Schlimmsten aus. Sie nähert sich neuen Dingen mit der Einstellung: »Schuldig bis zum Beweis der Unschuld.« Sie misstraut Spielzeug, Möbeln oder anderen Katzen von Grund auf, aber das bedeutet noch lange nicht, dass sie nicht mit ihnen warm- werden kann. Sie braucht einfach ein bisschen Zeit, ausgiebige Inspektionen und hartnäckige Detektivarbeit, um sich an Neues zu gewöhnen. Eine Doppelnullagentin, der Sicherheit über alles geht, wird aber auch sie – mit ein bisschen Zeit, Ermutigungen und sobald sie sich einen Überblick über die Lage verschafft hat – zu- traulicher. Am liebsten mag sie interaktive Spiele zu zweit, nur mit dir. Auch wenn sie nicht die allerverspielteste ist, kannst du ihre Spiellust wachkitzeln, wenn du ihr Vertrauen mit einer groß- zügigen Dosis Streicheleinhei- ten belohnst.

Jetzt geht's rrrund!

Die Auftrags-mörderin

DOMINANT & IMPULSIV

Die Auftragsmörderin ist eine beeindruckende Mordmaschine. Solange für sie etwas dabei herausspringt, attackiert sie, ohne mit der Wimper zu zucken, Finger, Zehen, Federn und Fell. In die Enge getrieben, kann sie auch mal aggressiv werden. Mit ihr ist alles eine Gratwanderung, nicht nur der Spaziergang auf dem Gartenzaun. Sie liebt den Adrenalinrausch der Jagd. Ihre Spiele sind energiegeladen, angriffslustig und bereiten sie auf den Ernstfall vor. Zu Hause trainiert sie mit halb zerbissenen Insekten für größere Beutetiere. Aber hinter ihrer harten Schale steckt ein weiches Herz. Der Weg zum gemeinsamen Spielen beginnt mit kleinen Schritten. Zu intensive Streicheleinheiten und hektische Bewegungen bringen sie schnell aus dem Häuschen. Behandle sie mit Respekt und sie wird dich von ganzem Herzen lieben.

Die Eigenbrötlerin

EXTROVERTIERT & AUSGEGLICHEN

Sie weiß immer, wo gerade etwas abgeht. Und falls es ihr zu
ruhig ist, lässt sie die Party einfach selbst steigen. Doch dabei
geht es ihr nicht nur ums Vergnügen. Sie entdeckt gerne Neues, und diese unbändige Neugierde muss befriedigt werden.
Sie kann improvisieren und sich mit sich selbst beschäftigen,
schließt aber ebenfalls leicht neue Freundschaften. Ein kurzes
Beschnuppern reicht, um sie zu überzeugen, dass sie Freunde
fürs Leben werden können. Und wenn nicht, bringt sie das auch
nicht um den Schlummerrr. Sie sollte genug Platz haben, um
nach Herzenslust rennen und herumstreifen zu können, aber
sie kommt immer nach Hause zurück, denn dort hat sie einfach
den meisten Spaß. Kleine Aufheiterung gefällig? Gib ihr eine
Rolle Bindfaden und schau zu, wie sie abgeht!

3
5

TYP
D

Die Kritikerin

DOMINANT & AUSGEGLICHEN

Einige mögen diese Mieze für herablassend halten, aber sie teilt Dinge einfach nur gerne in Kategorien ein. Sie weiß, was ihr gefällt, was sie denkt und was sie will, und das wird sie dir mit sanfter Nachdrücklichkeit zu verstehen geben. Sei es, indem sie ihre Pfote entschieden auf deine Hand liegt, um Nein zu sagen oder ein kleiner Klaps ins Gesicht zur Zurückweisung. Sie zeigt ihre Gefühle klar und deutlich, ohne viel Gehabe. Ihr vernichtender Blick könnte die meisten Menschen (und Katzen) in Stein verwandeln. Aber du kennst sie gut und kannst ihr ihre Launen von der Nasenspitze ablesen. Natürlich mag sie auch Spaß, aber lieber auf die entspannte Art. Sie schwelgt in der süßen Sanftheit von Kissen und Spielzeug mit Katzenminze, dank der sie sich tief entspannen kann, während andere die ganze Arbeit verrichten. Wozu sich auch abrackern, wenn das gute Leben von allein zu dir kommen kann?

Jetzt geht's rrrund!

81

Charakter-
katzen

Welche Eigenschaften machen deine Katze einzigartig?

Katzen haben Charakter: von den Spitzen ihrer Öhrchen bis zu ihrem aufgestellten Schwanz. Sie stolzieren mit Schwung und schleichen mit Stil. Alles, was sie tun, hat Sinn und Zweck; selbst Nickerchen halten sie mit Bravour. »Exzentrisch« ist das geflügelte Wort unter Eingeweihten. Wer will denn schon normal sein? Eine patente Mieze weiß, dass in wohldosierter Starrsinnigkeit Macht liegt. Katzen markieren ihr Revier gleich auf mehrere Arten. Doch auch, wenn es gelegentlich Kratzer auf Armen und Beinen gibt, sind die Pfotenabdrücke in deinem Herzen tiefer.

Die Idiosynkrasien deiner Katze machen sie zu einem miauenden Meisterwerk. Dieser Test untersucht ihre individuellen Eigenschaften und das, was sie von anderen unterscheidet. Denn jede Katze ist einzigartig, und jede ihrer Eigenarten eine weitere Facette ihrer Perrrsönlichkeit.

1. Deine Katze will spielen. Wie zeigt sie dir das?

A Sie bringt die Party zu dir, springt auf deinen Schoß, windet sich zwischen deinen Beinen durch oder rennt im Kreis um dich herum.

B Sie holt ihre Lieblingsquietschmaus und legt sie dir vor die Füße.

C Sie räkelt sich zu deinen Füßen, als wolle sie sagen: »Ich bin bereit, unterhalte mich!«

D Sie hat einen zehnminütigen Anfall, jagt ihren eigenen Schwanz und spielt Fangen mit einem unsichtbaren Gegner.

2. Es ist Silvester und in der Nachbarschaft wird ein Feuerwerk gezündet. Wie verhält sie sich?

A Sie presst ihr Gesicht an die Scheibe: freie Sicht auf das Spektakel!

B Sie tut unbeeindruckt, aber liegt hinter dem Vorhang auf der Lauer.

C Sie versteckt sich so gut sie kann vor dem Chaos.

D Sie bleibt neben dir sitzen. Solange du in der Nähe bist, ist sie in Sicherheit.

3. **Welche Angewohnheit deiner Katze bringt dich zum Lachen?**

A   Sie schläft im Waschbecken.

B   Sie versucht vergeblich, die Vorhänge hochzuklettern.

C   Sie setzt sich wie ein Mensch an den Esstisch.

D   Sie plaudert mit dir.

4. **Es gibt dein Lieblingsgericht, Spaghetti Bolognese. Allerdings ist das auch das Lieblingsgericht deiner Katze. Was passiert jetzt?**

A   Jeder nuckelt am Ende einer Spaghetti – wie in *Susi und Strolch*.

B   Sie lauert neben deinem Teller und beobachtet konzentriert, wie du die Gabel zum Mund führst, bis du dich erweichen lässt.

C   Sie schnuppert und erbittet sich miauend ihren Anteil, wenn sie mit deinen Kochkünsten zufrieden ist.

D   Sobald du kurz wegschaust, schnappt sie sich eine Mundvoll Spaghetti und flitzt auf und davon.

5. **Die meisten Katzen haben sonderbare Essgewohnheiten. Was ist das Merkwürdigste, was deine Katze jemals gefressen hat?**

A   Curry. *Unmengen von Curry.*

B   Eine Libelle, in einem Stück!

C   Spargelspitzen.

D   Eine Brotkrume, die eigentlich für die Vögel war.

6. Was bringt deine Katze zum Ausrasten?

A Gurken.

B Wenn du singst.

C Der Staubsauger.

D Blitz und Donner.

7. Welcher Beruf würde zu deiner Katze passen?

A Zollinspektorin. Sie inspiziert Kisten auf verborgene Eindringlinge oder merkwürdige Inhalte.

B Wachfrau. An der Spitze der Katzenstreife sorgt sie für Recht und Ordnung in der Nachbarschaft.

C Vorkosterin. Sie testet dein Essen per Geruch und Geschmacksprobe auf Qualität und etwaige Giftstoffe.

D Personal Shopper. Sie bringt dir immer neue, merkwürdige Geschenke mit.

8. Du hast Lust, sie zu knuddeln. Wie reagiert sie?

A Sie umarmt dich mit ihren Pfoten und drückt ihre feuchte Nase gegen dich.

B Sie leckt dein Gesicht ab, bis du sie wieder absetzt.

C Sie lässt es kurz zu und windet sich dann aus der Umarmung.

D Sie nimmt die beste Kuschelposition ein und drückt ihren Kopf unter dein Kinn.

9. Du klappst den Laptop auf, um zu arbeiten. Und deine Katze?

A Sie hascht nach deinen Fingern beim Tippen. Ihr neues Lieblingsspiel.

B Sie wartet geduldig, bis du sie bemerkst.

C Die Tastatur ist ihr neuer Lieblingsplatz und sie weigert sich, aufzustehen.

D Ihr doch egal. Sie plaudert einfach weiter mit dir.

Die
Ergebnisse

Der Spinner
DOMINANT & IMPULSIV

Diese Mieze mischt alle auf. Wortwörtlich. Sie macht das Beste aus jedem einzelnen Tag, auf ihre einzigartige, eigentümliche Weise. Mit ihr ist alles möglich, also solltest du dich besser auf das Unmögliche vorbereiten! Sie wechselt ihre Launen und Vorlieben schneller, als du neue Katzenfuttersorten anschleppen kannst – und das passiert häufig. Aber das macht dir nichts aus. Die Freude, die dir ihre Mätzchen bereiten, ist dieser kleine Extraaufwand auf jeden Fall wert. Wenn du zu Hause einige Dinge umstellst und ihr etwas aufbaust, das sie erkunden kann, wird sie tausend Wege finden, um damit zu spielen. Ein Schuh ist für sie nicht nur eine Fußbedeckung, sondern ein komplexes Gefäß, mit dem man die hohe Kunst des Sich-In-Ritzen-Hineinzwängens erlernen und seine Flexibilität und seinen Willen stärken kann!

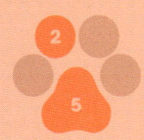
Der Sheriff

EXTROVERTIERT & AUSGEGLICHEN

Dieser Prachtkerl ist stark, beweglich und auf Zack. Sein herausfordernder Blick sagt: »Wag es bloß nicht.« Am liebsten blitzt er damit Katzen an, die aus der Reihe tanzen. Wenn du ihn brauchst, ist er an deiner Seite. Wenn du traurig bist, heitert er dich auf. Seine Anwesenheit ist beruhigend. Auch wenn er auf den ersten Blick wie eine durchschnittliche Hauskatze wirkt, verhält er sich eher wie ein Hund: Er ist treu, liebevoll und selbstsicher. Solange es dir und den Deinen gutgeht, ist er durchweg zufrieden. Wenn du ihn rufst, kommt er vermutlich angelaufen, denn diese »Hundekatze« ist nie fern.

Selbst wenn du ihn gerade nicht siehst, hat er sein Zuhause gewiss fest im Auge. Er mag Geschicklichkeitsspiele, liebt es zu rennen und stellt seine Talente stets aufs Neue unter Beweis. Zum Beispiel, indem er sich auf die Spitze des Weihnachtsbaums schwingt wie ein Stabhochspringer.

Charakterkatzen

91

Der Connaisseur

NEUROTISCH & DOMINANT

Ein Hauch von Eleganz und Klasse umgibt diese Katze. Ihre Art, sich zu bewegen, erregt Aufmerksamkeit und weckt so manches wohlwollende Lächeln. Auch du kannst nur über ihren Pracht-körper staunen, der jetzt eine Hauptrolle in deinem Leben spielt. Eine Diva? Mag sein, aber im Grunde geht es ihr um Qualität. Sie will das Beste von allem. Ihr nicht-belustigter Gesichtsausdruck wird dich oft zum Lachen bringen. Je hochnäsiger sie tut, desto mehr willst du sie knuddeln. Und sie wird es zulassen, weil sie ge-nau weiß, dass sie nur bekommt, was sie will, wenn du zufrieden bist. Ob sie einen katzenfreundlichen Drink schlürft oder sich Vival-dis *Vier Jahreszeiten* hingibt: Sie tut alles mit Stil. Aber obschon sie sich selbst so ernst nimmt, bringt dich ihre Unverschämtheit immer wieder zum Schmunzeln. Solange sie ihre Sternstunden haben kann, wirst du von einem echten Sonnenscheinchen profitieren.

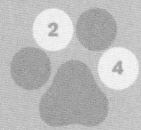

Der Spaßvogel

EXTROVERTIERT & IMPULSIV

Diese Katze hat einen sechsten Sinn für Humor und ist eine geborene Plaudertasche. Sie erkennt die Nuancen in deiner Stimme und ahmt sie auf Katzenart nach. Clever, geschickt und sozial, ist sie meistens schwer in die Finger zu kriegen – zum Beispiel, wenn sie sich einen Burger vom Grill geschnappt hat oder der Transportbox entkommen will. Sie stiehlt sich davon, um bei den Nachbarn ihr zweites Frühstück zu verputzen oder legt heimlich einen Stepptanz in einem offenen Farbeimer hin. Eins ist gewiss: Sie führt nichts Gutes im Schilde. Sie ist der Inbegriff der Spontaneität und macht jeden Augenblick zu einem unvergesslichen Moment. Wenn du auf der Suche nach Spaß bist, bist du bei ihr an der richtigen Adresse. Sie macht Jagd auf alles, was sich in Reichweite befindet, denn sie will nur eins: Spaß haben. Umso besser, wenn du dich dabei auch ein bisschen amüsierst!.

Charakterkatzen

Katzen-
klatsch

Wie kommuniziert deine Katze?

Die Sprache einer Katze ist ein mystisches Minenfeld. Eine durchschnittliche Hauskatze hat ein Repertoire von über 100 verschiedenen Lautäußerungen. Dazu kommt eine komplexe und durchaus verwirrende Körpersprache. Was wollen sie uns sagen – wenn sie uns überhaupt etwas sagen wollen? Und was verrät das über ihren Charakter?

Wie wir Menschen, sind einige Katzen eher introvertiert, während andere gerne im Mittelpunkt stehen. Lass dich nicht täuschen, wenn deine Katze die Gleichgültige spielt. Wissenschaftliche Studien belegen, dass Katzen viel mehr verstehen, als wir glauben. Auch wenn sie sich taub stellen, wenn man sie ruft, erkennen sie ihren Namen und wissen genau, dass sie gerufen werden. Aber ob sie darauf reagieren, entscheiden allein sie selbst.

1. **Zeit für ihr zweites Frühstück, findet deine Katze. Wie erobert sie deine Aufmerksamkeit?**

   A Sie wetzt die Krallen und stürzt sich auf das nächstbeste Möbelstück, Sofa, Tapete oder den Teppich.

   B Sie spielt die Süße, maunzt und gibt Köpfchen.

   C Sie lauert neben dem Kühlschrank und kreischt wie eine Banshee.

   D Sie erklärt es dir wortreich, mit zum Ende hin lauter werdendem Miauen, um die Dringlichkeit zu betonen.

2. **Auch wenn es auf dem Papier dein Arbeitszimmer ist – deine Katze war zuerst da. Wie gibt sie dir zu verstehen, dass sie allein sein will?**

   A Sie murrt, gefolgt von leichtem Fauchen, um dich auf deinen Platz zu verweisen.

   B Ihr bloßes Schnurren hypnotisiert dich jedes Mal und macht dich willenlos.

   C Ihr haariger Hintern in deinem Gesicht ist klar und deutlich.

   D Eine hochgezogene Augenbraue, ein bestimmter Klaps mit der Pfote und eine entrüstete Schnute.

3. Jede Katze drückt Zuneigung auf ihre eigene Art aus. Deine Katze zeigt ihre Liebe ...

A ... natürlich mit einem Stupser in den Bauch, gefolgt von einer kurzen Jagd auf deine Hand.

B ... indem sie ihr Näschen gegen dein Bein oder deinen Arm drückt: Eine feuchte Liebkosung.

C ... indem sie dir eine Anti-Stress-Pfotenmassage verpasst. Will noch jemand?

D ... indem sie dich mit ihrem Geruch und einem dicken Teppich aus Katzenhaaren bedeckt, damit dir nicht kalt wird.

4. Du merkst, dass es deiner Katze nicht gutgeht, wenn sie ...

A ... sich leise aus allem zurückzieht.

B ... nicht mehr fressen oder spielen will.

C ... auf einmal viel mit dir schmust und ständig in deiner Nähe sein will.

D ... mit leisem Maunzen um Aufmerksamkeit bittet.

5. Ob Staubsauger oder deine flauschigen Hausschuhe: Deine Katze bringt so einiges auf die Palme. Dann ...

A ... kommt ihr innerer Tiger zum Vorschein und sie knurrt.

B ... jault sie auf und flüchtet ins nächste Schlupfloch.

C ... schaut sie dich anklagend an.

D ... stellt sie ihren Schwanz auf und tappt flink davon.

6. Nach einem anstrengenden Tag geht nichts über einen Plausch mit deiner Katze. Wenn ihr miteinander redet, ...

A ... schaut sie dich an, als wärst du begriffsstutzig.

B ... antwortet sie mit Maunzen. Sie versteht dich zwar nicht, aber sie ist ganz bei der Sache.

C ... blinzelt sie träge, gähnt und tut so, als würde sie gleich einschlafen.

D ... führt ihr ausführliche Gespräche mit Zwitschern, Maunzen und Gurren. Sie lässt dich sogar ausreden.

7. Kluge Katzen verstecken ihre Schuld hinter einem aalglatten Pokerface, andere schneiden Grimassen. Welchen Gesichtsausdruck setzt deine meistens auf?

A Ein Kung-Fu-Kampfgesicht. Und zwar immer.

B Als ob sie kein Wässerchen trüben könnte.

C Den Blick von jemandem, der das nicht lustig findet.

D Als würde sie sagen: »Hör jetzt gut zu, ich sag's dir nur einmal!«

8. Du weißt, wann deine Katze rundum zufrieden ist, denn dann ...

A ... lässt sie sich kurz streicheln.

B ... schnurrt sie glücklich.

C ... stupst sie dich immer wieder mit ihrem Kopf an.

D ... miaut sie genüsslich und reibt sich an deinen Beinen.

9. **Beim ersten Aufeinandertreffen zwischen zwei Katzen gibt es Spiel oder Jagd, Krieg oder Frieden. Wie begrüßt deine Katze ihre Artgenossen?**

A Mit aufgestelltem Schwanz und bedrohlichem Fauchen.

B Sie beschnuppert sie neugierig.

C Vielleicht erlaubt sie ihnen, ihr in angemessener Distanz zu folgen … wenn sie ihr Respekt zollen.

D Mit aufgeregtem Quieken und Miauen begrüßt sie ihre neuen Freunde.

Katzenklatsch

Die Ergebnisse

TYP
A

Die Kriegerin
DOMINANT & IMPULSIV

Für diese Mieze wiegen Taten einfach schwerer als Worte. Warum diskutieren, wenn auch ein entschiedener Klaps mit der Pfote den gewünschten Effekt hat? Was dieser Katze an Eloquenz fehlt, macht sie mit ihrer Körpersprache mehr als wett. Du solltest ihre Überzeugungskünste besser nicht unterschätzen. Wie das alte Sprichwort schon sagt: »Eine Katze hat Klauen und scheut sich nicht, sie zu wetzen, wenn es darauf ankommt.« Diese Katze ist die Dominanz in Person und eine kleine Diva. Aber sie hat auch ein weiches Herz, das sich mit viel Liebe, Brathähnchen und Katzenminze erobern lässt. Und sie spielt gerne: eine gute Gelegenheit, um ein bisschen Zeit zu zweit zu verbringen. Wenn du dich mit ihr beschäftigst und sie bespaßen kannst, wird sie sich erkenntlich zeigen … und zumindest so tun, als ob sie dir zuhört.

Der Charmeur

NEUROTISCH & EXTROVERTIERT

Diese Mieze weiß, wie man den Fisch bekommt, ohne sich die Pfoten nass zu machen: Mit einer weichen, aber bestimmten Pfote, einem tiefen Schnurren und einem zielgerichteten Maunzen. Vermutlich haben die alten Katzengötter das Miauen nur erfunden, um uns Menschen noch leichter zu manipulieren. Denn nur ein Maunzen reicht aus, um sich wieder bei uns einzuschmeicheln, wenn sie etwas ausgeheckt hat. Sie ist geschickt und ein wahrer Meister der Manipulation. Beim kleinsten Vorzeichen eines Streits macht sie sich aus dem Staub. Sie ist nicht ängstlich, aber überlässt anderen Katzen (und dir) gerne die Führung, wenn sie so Reibereien vermeiden kann. Mit ein bisschen Geduld, Beschäftigung und ausgiebigen Streicheleinheiten ist sie rundum glücklich … und wird dich noch breiter lächeln lassen als die Grinsekatze.

Katzenklatsch

Die Königin

NEUROTISCH & DOMINANT

Wenn dein Blut genauso blau ist wie das dieser majestätischen Mieze, müsst ihr euch nicht länger mit gewöhnlichen Sterblichen abgeben. Sie ist auf die Erde herabgestiegen, um eine einzige Aufgabe zu erfüllen: verehrt zu werden. Aber sich mit ihr zu verständigen, ist nicht leicht. Sie deutet lieber indirekt an, was sie will, und ist überzeugt, dass ihre bloße Anwesenheit ausreicht, um die Dinge ins Rollen zu bringen. Expressiv, aber nicht allzu emotional (außer, wenn es um ihre Lieblingsleckerlis geht), ist sie zufrieden, solange sie ihren Willen bekommt. Sie ist der Mittelpunkt des Universums, und falls du das mal vergessen solltest, wird sie dich mit gewaltigem Geschrei und viel Drama daran erinnern. Gegen sie kannst du nicht gewinnen, aber das ist dir auch egal. Denn wegen ihrer Extravaganz liebst du sie nur noch mehr.

Die Intelligenz-bestie

EXTROVERTIERT & AUSGEGLICHEN

Für diese philosophische Katze ist Kommunikation eine hohe Kunst. Im Gegensatz zu ihren Artgenossen setzt sie ihr gesamtes Repertoire an Katzenlauten und -geräuschen geschickt ein, damit du verstehst, was sie will. Sie ist ein großer Fan von Körpersprache und erkundet deine Reaktionen auf ihre Gesten, vom Zucken ihrer Schnurrhaare zu den Bewegungen ihrer Schwanzspitze. Natürlich dauert es lange, bis Menschen mit ihrem hohen Intellekt mithalten können. Aber sie ist bereit, dir eine Chance zu geben und dich in einige ihrer Geheimnisse einzuweihen. Sie weiß genau, wie du redest, und ahmt dich in euren Unterhaltungen nach, damit du besser verstehst, was sie dir sagen will. Am meisten frustriert sie, dass Menschen die einfachsten Dinge nicht be-greifen. Zum Beispiel, dass jeder Satz auf »Thunfisch, bitte!« endet.

Katzenklatsch

Nur ein Katzen-sprung

Wie abenteuerlustig ist deine Katze?

Reviere sind wichtig. Katzen mit Freigang können ein weitläufiges Revier haben oder nur bis zur Grenze zum Nachbargrundstück und wieder zurück trotten. Auch Wohnungskatzen haben ein instinktives Revierverhalten, das sich in ihrer Beziehung zu Menschen spiegelt. Im Herzen sind unsere kleinen Freunde wilde Raubkatzen. Ihre Urinstinkte – Rennen, Jagen und Verteidigung ihres Reviers – bestimmen, wie sie ticken. Selbst die schüchternsten Kätzchen können angesichts eines unerwünschten Eindringlings richtig laut werden. Kater sind tendenziell dominanter und mögen es, über ein eigenes Revier zu herrschen. Katzen teilen sich ihre Reviere größtenteils ohne Konflikte. Trotzdem bespritzen auch sie sich gelegentlich mit Urin, kämpfen oder beißen sich, wenn sie aufeinandertreffen.

Das Reich deiner Katze verrät viel über ihre Selbstsicherheit und Spontaneität. Anhängliche Katzen sind zwar ängstlich, aber auch gute Beschützer. Was deine Katze auch antreibt, ihre Expeditionen (oder ihr Zuhause) sind ein wichtiger Aspekt in ihrem Leben.

1. **Teilt deine Katze ihre Liebe gerne mit andern oder hat sie eine Lieblingsperson?**

   A Sie weiß, wer ihr den Napf hinstellt. Zu Hause ist es daher einfach am schönsten.

   B Andere Menschen sind in Ordnung. Sie teilt ihre Zuneigung dann und wann gerne.

   C Soweit du weißt, hat sie noch zwei andere Familien in der Nachbarschaft.

   D Für sie gilt: *My home is my castle*. Und du bist auch ganz in Ordnung.

2. **Welcher Superheld wäre deine Katze?**

   A Hulk: meistens ganz lieb, aber man darf ihn auf keinen Fall reizen!

   B James Bond: elegant, schnell wie der Blitz und ein Partylöwe.

   C Indiana Jones, aber der Archäologe kann nicht mit den Expeditionen deiner Katze mithalten!

   D Batman: zurückgezogen und mysteriös, mit eigenem *Cat Cave*.

3. Wenn die Sonne untergeht und die ersten Nacht-eulen unterwegs sind, ...

A ... schmiegt sich deine Katze auf dem Sofa eng an dich.

B ... streift sie auf Nachtwache draußen herum.

C ... spielt sie mit den anderen Streunern.

D ... ist sie gefüttert, gekämmt und bereit fürs Bett.

4. In deiner Nachbarschaft nennt man deine Katze:

A Die Süße aus der Nummer soundso.

B Der Racker, der jedes Mal in unseren Garten macht.

C Der einsame Cowboy, der immer unterwegs zu neuen Abenteuern ist.

D Katze? Ich wusste gar nicht, dass du eine Katze hast?

5. Eine andere Katze hat sich in deinen Garten vor-gewagt. Was passiert jetzt?

A Deine Katze zeigt ihr umgehend, wo die Tür ist, und lässt nicht mit sich reden.

B Es gibt einen Showdown mit Fauchen und Schwanz-peitschen, aber ohne Tätlichkeiten. Beide halten einen Sicherheitsabstand ein.

C Vermutlich ist deine Katze nicht einmal zu Hause, um es zu bemerken.

D Deine Katze bekommt es gar nicht mit. Solange zu Hause alles im Lot ist, ist sie in Sicherheit und zufrieden.

6. Wo steckt deine Katze, wenn es draußen brütend heiß ist?

A Im Schatten einer Hecke.

B Sie räkelt sich in der Sonne.

C Kein Ahnung! Sie kommt schon wieder, wenn sie hungrig ist.

D Auf, neben oder vor dem Kühlschrank.

7. Ist deine Katze schon einmal eine Zeitlang verschwunden?

A Nein. Sie ist ein Gewohnheitstier, nach dem du die Uhr stellen kannst.

B Bereits ein, zwei aufregende Mal, aber sie ist immer zurückgekommen.

C Sie liebt ihre Freiheit und verschwindet auch mal tagelang. Mittlerweile machst du dir keine Sorgen mehr.

D Selbst zu Hause findet sie bombensichere Verstecke. Aber der Duft von Brathähnchen lockt sie immer hervor.

8. Wenn du deine Katze rauslässt, dann ...

A ... bleibt sie in der Nähe eures Zuhauses und streift durch den Garten.

B ... schießt sie wie eine Rakete über den Zaun, hinaus in die wilde weite Welt.

C Sie ist ohnehin ständig draußen!

D Sie ist eine Wohnungskatze.

9. **Was bringt deine Katze nach längeren Streifzügen wieder nach Hause zurück?**

A Der Klang deiner Stimme.

B Wenn du die Straßen mit einer Tüte Leckerlis nach ihr absuchst.

C Sie kommt zurück, wann es ihr gefällt – oder sie hungrig ist. Oder beides.

D Wenn sie nach draußen entwischt wäre, würdest du sie unter dem Fenster miauen hören.

Die Ergebnisse

Das Anhängsel

NEUROTISCH & AUSGEGLICHEN

Nichts geht dieser Katze über ein nachmittägliches Sonnenbad. Okay, vielleicht ein Sonnenbad mit dir. Die Tage, die ihr gemeinsam im Garten verbringt, bedeuten für sie pure Glückseligkeit. Sie liebt es, dir Gartentipps zu geben und die lokale Tierwelt im Zaum zu halten. Am liebsten würde sie immer genau wissen, wo du dich gerade befindest. Im Gegenzug entfernt sie sich nie weit von dir. Auch wenn ihr Revier überschaubar ist, verteidigt sie es mit ihrem Leben. Wehe den Tollkühnen, die in ihr Territorium eindringen. Bei Fremden ist sie eher zurückhaltend. Sie ist freundlich und jagt gerne Schmetterlingen hinterher, fängt sie aber nur selten. Die Jagd ist das Ziel, nicht der Fang. Falls du zu Hause zu tun hast, überprüft sie regelmäßig, ob du noch da bist und alles an dir dran ist. Zahlreiche Streichel- und Schmuseeinheiten erobern ihr Herz im Handumdrehen.

Nur ein Katzensprung

Der Entdecker

EXTROVERTIERT & AUSGEGLICHEN

Der Entdecker geht gerne auf Erkundungstour. Er weiß, was sich in seiner unmittelbaren Umgebung befindet, lässt sich aber auch von weiter entfernten Gefilden verlocken. Er liebt Spaß, ist selbstsicher, ohne dominant zu sein, und vermeidet nach Möglichkeit Konflikte. Wenn jemand es aber wirklich darauf anlegt, kommt sein innerer Tiger zum Vorschein. Seine Superkraft ist seine Geschwindigkeit. Er schießt blitzschnell davon, wenn er auf unbekannte Tiere oder Menschen trifft. Und er weiß, wie man eine Gelegenheit beim Schopf packt und sich selbst in die schmalsten Ritzen zwängt. Spielen ist ihm wichtig – und jeder Augenblick hat das Potenzial, etwas ganz Besonderes zu werden. Auch wenn er gerne unterwegs ist, ist er gerne zu Hause und hat bestimmte Gewohnheiten. Balance ist alles, also solltest du darauf achten, dass er den Raum hat, den er braucht.

Nur ein Katzensprung

Der Wanderer

DOMINANT & IMPULSIV

Diese Fellnase kann die Pfoten nicht stillhalten. Sie verzehrt sich danach, draußen zu sein – und nichts und niemand kann sie davon abhalten. Das Leben (alle sieben) soll gelebt werden, und deine Katze wird das Beste daraus machen. Sie ist risikobereit und fordert ihr Glück auch gerne mal heraus. Im Laufe ihres Lebens wird sie die ein oder andere Kriegsverletzung davontragen. Aber ihre Narben verleihen ihr nur noch mehr Charme. Sie ist kühn und scheut sich nicht, sich durchzusetzen – besonders, wenn sie nicht bekommt, was sie will. Ansonsten ist sie meistens entspannt, solange sie ihr eigenes Ding machen kann. Sie hat ein großes Revier, das fast die gesamte Nachbarschaft einschließt. Sie ist die Herrscherin der Straße und du kannst dich glücklich schätzen, wenn sie dich dann und wann mit ihrer Gegenwart beehrt.

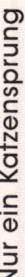

Nur ein Katzensprung

Der Stubenhocker

EXTROVERTIERT & AUSGEGLICHEN

Dieser schnuckelige Stubentiger wirkt auf den ersten Blick etwas schräg. Aber er ist nicht stur, sondern weiß einfach, was ihn glücklich macht. Sicherheit geht ihm über alles. Er schätzt sein sicheres Zuhause. Es sei dir vergeben, dass du es »euer Zuhause« nennst, doch in Wahrheit gehört es ihm allein. Hast du noch nicht bemerkt, dass er sich nach und nach alles aneignet? Von deiner Lieblingshandtasche, die er ausgiebig inspiziert, zur Badewanne, in der er sich gerne räkelt, gibt es nicht ein Eckchen, das er nicht bereits in Beschlag genommen hat. Falls du es jemals wagen solltest, zu verreisen, wird er sich sogar in deinen Koffer legen. Er ist das i-Tüpfelchen im Wort »liebevoll«: Du bedeutest ihm alles. Und das beruht auf Gegenseitigkeit. Ihr verbringt viel Zeit miteinander und du verwöhnst ihn gerne mit seinen Lieblingsleckerlis. Kein Wunder, dass diese selbstsichere Katze dich ihr Leben lang fest in ihrer Pfote hat.

Nur ein Katzensprung

Welcher Typ ist deine Katze?

Es ist unmöglich, den Persönlichkeitstyp deiner Katze definitiv zu »katz«egorisieren. Aber wir können die Hauptmerkmale der fünf Katzentypen (Seite 9) in ihren Verhaltensweisen identifizieren. Manche Katzen zeigen, je nach Laune oder Situation, Charakterzüge aller fünf Persönlichkeitstypen auf, während andere vor allem einem oder zwei Typen entsprechen. Diese Zuordnung ist ein wichtiger erster Schritt für alle, die die Persönlichkeit ihrer Katze ergründen wollen.

Unten findest du die fünf Katzentypen. Trage hier die Ergebnisse der neun Tests ein und setze einen Strich bei den Persönlichkeitstypen, die auf deine Katze zutreffen. Wenn du die Striche zusammenzählst, erhältst du den wichtigsten Persönlichkeitstyp deiner Katze.

1. Neurotisch

....   **Gesamt:** ....

2. Extrovertiert

....   **Gesamt:** ....

3. Dominant

....   **Gesamt:** ....

4. Impulsiv

....   **Gesamt:** ....

5. Ausgeglichen

....   **Gesamt:** ....

Zum Schluss

Jedes dieser neun Tests konzentriert sich auf einen Aspekt im Leben deiner Katze. Ihre Verhaltensweisen und Eigenarten werden mit einem Augenzwinkern beschrieben, denn eine Katze sorgt einfach für viel Freude und schöne Momente.

Vergiss nicht: Das hier ist nur der Anfang. Die Ergebnisse helfen dir, zu verstehen, wie deine Katze tickt. Sobald du das verstanden hast, kannst du einige Dinge anpassen und verändern, damit dein pelziger Freund ein möglichst erfülltes Leben führen kann. Verwandle dein Zuhause in einen interaktiven Spielplatz oder sorg dafür, dass deine Katze genug Aufmerksamkeit bekommt – insbesondere, wenn du das Glück hast, in einem Haushalt mit mehreren Katzen zu leben.

Was deine Katze auch braucht, bis sie vor Zufriedenheit schnurrt – du wirst es herausfinden. Du kannst die Tests regelmäßig neu beantworten, um dich über die Veränderungen in ihren Launen und Leidenschaften auf dem Laufenden zu halten. Denn in einem Punkt sind sich alle Katzenliebhaber einig: Es dauert ein ganzes Leben, um eine Katze zu verstehen. Und auch, wenn du sie vielleicht nie ganz entschlüsseln wirst, macht es doch Spaß, es zu versuchen.

Mehr entdecken

Katzentypen und Rassen

Du denkst darüber nach, dir eine Katze zuzulegen und willst herausfinden, wie sie zur Familie passt? Oder willst du jetzt, nach den Ergebnissen der Tests in diesem Buch, überprüfen, ob deine Katze eher normal oder absolut einzigartig ist? Tendenziell haben verschiedene Katzenrassen auch verschiedene Charakterzüge, was uns also ebenfalls einiges darüber verraten kann, wie unsere Miezen ticken. Einige Rassen sind verschmuster, andere scheinen eher auf Krawall gebürstet zu sein. Doch was ihnen an Zutraulichkeit fehlt, machen sie durch ihre Intelligenz allemal wett.

Auf den folgenden Seiten stellen wir einige der verbreitetsten Katzenrassen vor und die Persönlichkeitstypen, die ihnen üblicherweise zugeordnet werden. Aber auch das ist nur ein Anhaltspunkt. Katzen sind wie Menschen: einzigartig, individuell … und alle haben ihre eigenen Macken.

Amerikanisch oder Britisch Kurzhaar

Diese ausgeglichenen Katzen sind sehr verspielt, mögen es aber ebenso gerne, Zeit allein zu verbringen. Sie sind sozial, liebevoll und tierischen sowie menschlichen Freunden gegenüber zutiefst loyal.

Passende Profile: die Eigenbrötlerin (Seite 80), der Charmeur (Seite 103)

Abessinier

Diese athletischen Katzen lieben Expedition, Abenteuer und Baumbesteigungen. Sie sind neugierig, ruhig und haben eine enge Beziehung zu ihrer Menschenfamilie.

Passende Profile: das Chamäleon (Seite 67), der Entdecker (Seite 115)

Bengal

Die gesprächigen Bengalen lieben Gesellschaft und verstehen sich gut mit Kindern und anderen Haustieren. Intelligent, liebevoll und voller Lebensfreude, haben sie ein großes Herz und einen starken Charakter.

Passende Profile: das Genie (Seite 43), die natürliche Schönheit (Seite 56)

Burmese

Die wegen ihrer Anhänglichkeit auch »Hundekatzen« genannten Burmesen sind sehr zutraulich und brauchen viel Aufmerksamkeit. Sie beobachten gerne die Welt um sie herum.

Passende Profile: Chiller-König (Seite 31), der Sheriff (Seite 91)

Mehr entdecken

Cornish Rex

Auch wenn Cornish Rex als anspruchsvoll gelten, mögen sie einfach nur die Nähe zu Menschen. Hochintelligent und verspielt, sind sie echte Quasselstrippen und werden laut, wenn sie Aufmerksamkeit wollen.

Passende Profile: die Anführerin (Seite 54), der Spaßvogel (Seite 93)

Maine Coone

Diese sanften Riesen sind gutmütig und liebevoll. Sie können ziemlich albern sein und spielen gerne ausgiebig. Sie sind neugierig und vertragen sich gut mit anderen Tieren und sonstigen Mitbewohnern.

Passende Profile: Bester Kumpel (Seite 21), der Dude (Seite 66)

Perserkatze

Die sanften Perserkatzen schätzen ein ruhiges Zuhause. Sie haben zwar ein herrisches Auftreten, bleiben aber in den meisten Situationen gelassen … solange es nicht zu viel Trubel gibt.

Passende Profile: die Sanftmütige (Seite 45), der Poser (Seite 69)

Ragdoll

Eine der entspanntesten und sanftmütigsten Katzenrassen. Ragdolls sind ruhig, gesellig und verschmust. Sie passen perfekt zu Familien und vertragen sich gut mit anderen Fellnasen.

Passende Profile: das Baby (Seite 18), das Anhängsel (Seite 114)

Mehr entdecken

124

Russisch Blau

Weniger anhänglich als andere Rassen, sind Russisch Blau anfangs oft ziemlich schüchtern. Aber wenn sie sich eingelebt haben, sind sie sehr zutraulich – und hochintelligent.

Passende Profile: Coole Katze (Seite 30), Scheues Mäuschen (Seite 33)

Siamkatze

Intelligent, einfallsreich und gelegentlich temperamentvoll. Siamkatzen sind nicht gerne lange allein. Sie lieben ausgiebige Spiele, Interaktionen und lange Unterhaltungen mit ihrem Menschen. Athletisch wie sie sind, klettern sie auch mal gerne den Vorhang hoch.

Passende Profile: Wendiges Wiesel (Seite 32), die Intelligenzbestie (Seite 105)

Mehr entdecken

Weitere Informationen

Dr. David Brunner, Sam Stall, *Katze – Betriebsanleitung: Inbetriebnahme, Wartung und Instandhaltung*, Goldmann Verlag (2015)

Brigitte Rauth-Widmann, *Was denkt meine Katze*, Franckh Kosmos Verlag (2021)

Elke Söllner, *Die besorgte Katze: Was deine Katze dir sagen will – wie sie auf dich reagiert und dein Verhalten spiegelt*, Goldegg Verlag (2020)

Annett Klingner, Pascal Klunder, Katja Erdmann, *111 Dinge über Katzen, die man wissen muss*, Emons Verlag (2021)

Helke Brandt, *Was will mir meine Katze sagen?*, GRÄFE UND UNZER Verlag GmbH (2023)

www.schlitzohr.de
Modernes, gut durchdachtes und nachhaltiges Katzenzubehör – das kleine Unternehmen unterhält auch einen Blog und YouTube-Kanal.

www.meinekatzenmaedchen.de
Blog und Produkttests – alles für die Katz'!.

www.lieblingskatze.net
Liebevoller Katzenblog mit News, Tipps und Erfahrungsberichten.

www.katzenkram.net
Hilfreiche Ratgeber-Artikel für Katzenhalter von echten Katzen-Experten.

www.derkatzenblog.com
Tipps für Katzenanfänger zu Eingewöhnung, Erziehung und mehr.

Über die Autorin

Allison Davies lebt seit über 20 Jahren mit Katzen und schreibt schon lange über ihre haarigen Mitbewohner. Sie hat Bücher zur Astrologie, Selbsthilfe und über Tiere veröffentlicht, zum Beispiel über Katzen *(Be More Cat, Crazy Cat Lady* und das *Cattitude Journal)*, und schreibt für die britische Zeitschrift *Take a Break Pets* sowie andere Zeitschriften.

Über die Illustratorin

Alissa Levy von @LevysFriends wurde in der Ukraine geboren und lebt und arbeitet heute in Deutschland. Ihre Arbeiten handeln von Menschen, ihren Haustieren und deren wunderbaren und lustigen Beziehungen.

Text: Alison Davies
Bildnachweis: Alle Illustrationen © 2021 Alissa Levy
Übersetzung: Claire Schmartz, Berlin
Satz und Redaktion: booklab GmbH, München
Gesamtherstellung: 1010 Printing International
Printed in China

Miau - Wie gut kennst du deine Katze?
GTIN 978-3-8485-0257-8
Die Originalausgabe erschien 2021 unter dem Titel CAT PURRSONALITY TEST
bei White Lion Publishing, an imprint of The Quarto Group, London.
Copyright der Originalausgabe © 2021 Quarto Group plc
Copyright der deutschsprachigen Ausgabe © 2023 Groh Verlag.
Ein Imprint der Verlagsgruppe Droemer Knaur GmbH & Co. KG, München

www.geschenkverlage.de

MIX
Papier | Fördert
gute Waldnutzung
FSC® C016973
FSC
www.fsc.org

1 2 3 4 5